中国新农科水产联盟"十四五"规划教材
教育部首批新农科研究与改革实践项目资助系列教材
水产类专业实践课系列教材

水产动物遗传育种学实验

郑小东　　孔令锋　　徐成勋　主编

U0189926

中国海洋大学出版社
·青岛·

图书在版编目（CIP）数据

水产动物遗传育种学实验 / 郑小东，孔令锋，徐成勋主编 . 一青岛：中国海洋大学出版社，2021.11
水产类专业实践课系列教材 / 温海深主编
ISBN 978-7-5670-3006-0

Ⅰ . ①水… Ⅱ . ①郑… ②孔… ③徐… Ⅲ . ①水产动物—遗传育种—实验—教材 Ⅳ . ①S96-33

中国版本图书馆 CIP 数据核字（2021）第 234686 号

出版发行	中国海洋大学出版社		
社　　址	青岛市香港东路 23 号	**邮政编码**	266071
网　　址	http://pub.ouc.edu.cn		
出 版 人	杨立敏		
责任编辑	孙玉苗		
电　　话	0532-85901040		
电子信箱	94260876@qq.com		
印　　制	青岛国彩印刷股份有限公司		
版　　次	2022 年 7 月第 1 版		
印　　次	2022 年 7 月第 1 次印刷		
成品尺寸	170 mm × 230 mm		
印　　张	10.5		
字　　数	153 千		
印　　数	1—1 500		
定　　价	42.00 元		
订购电话	0532-82032573（传真）		

发现印装质量问题，请致电 0532-58700166，由印刷厂负责调换。

水产类专业实践课系列教材

编委会

主　编　温海深

副主编　任一平　李　琪　宋协法　唐衍力

编　委（按姓氏笔画为序）

于瑞海　马　琳　马洪钢　王巧晗　孔令锋

刘　岩　纪毓鹏　张　弛　张凯强　张美昭

周慧慧　郑小东　徐成勋　黄六一　盛化香

梁　英　董登攀　薛　莹

总前言

　　2007—2012 年，按照教育部"高等学校本科教学质量与教学改革工程"的要求，结合水产科学国家级实验教学示范中心建设的具体工作，中国海洋大学水产学院主编出版了水产科学实验教材 6 部，包括《水产动物组织胚胎学实验》《现代动物生理学实验技术》《贝类增养殖学实验与实习技术》《浮游生物学与生物饵料培养实验》《鱼类学实验》《水产生物遗传育种学实验》。这些教材在我校本科教学中发挥了重要作用，部分教材作为实验教学指导书被其他高校选用。

　　这么多年过去了。如今这些实验教材内容已经不能满足教学改革需求。另外，实验仪器的快速更新客观上也要求必须对上述教材进行大范围修订。根据中国海洋大学水产学院水产养殖、海洋渔业科学与技术、海洋资源与环境 3 个本科专业建设要求，结合教育部《新农科研究与改革实践项目指南》内容，我们对原有实验教材进行优化，并新编实验教材，形成了"水产类专业实践课系列教材"。这一系列教材集合了现代生物技术、虚拟仿真技术、融媒体技术等先进技术，以适应时代和科技发展的新形势，满足现代水产类专业人才培养的需求。2019 年，8 部实践教材被列入中国海洋大学重点教材建设项目，并于 2021 年 5 月验收结题。这些实践教材，不仅满足我校相关专业教学需要，也可供其他涉海高校或农业类高校相关专业使用。

本次出版的 10 部实践教材均属中国新农科水产联盟"十四五"规划教材。教材名称与主编如下：

《现代动物生理学实验技术》（第 2 版）：周慧慧、温海深主编；

《鱼类学实验》（第 2 版）：张弛、于瑞海、马琳主编；

《水产动物遗传育种学实验》：郑小东、孔令锋、徐成勋主编；

《水生生物学与生物饵料培养实验》：梁英、薛莹、马洪钢主编；

《植物学与植物生理学实验》：刘岩、王巧晗主编；

《水环境化学实验教程》：张美昭、张凯强主编；

《海洋生物资源与环境调查实习》：纪毓鹏、任一平主编；

《养殖水环境工程学实验》：董登攀、宋协法主编；

《增殖工程与海洋牧场实验》：盛化香、唐衍力主编；

《海洋渔业技术实验与实习》：盛化香、黄六一主编。

编委会

前言

　　"国以农为本，粮以种为先。"水产种业是绿色水产高质量发展的坚实基础。作为水产种业领域的核心课程之一，水产动物遗传育种学发展迅速、实践性强。学生们只有结合课堂所学，自己动手进行实验操作、分析实验结果，才能更好地理解基本理论知识，掌握有关技术，培养严谨的科学作风、实事求是的工作态度，提高综合分析能力。目前，"以学生为中心"的实验教学改革正在进一步深化，优化实验课程资源、推进高校教育教学信息化建设成为共识。为此，在2012年出版的《水产生物遗传育种学实验》基础上，我们结合近10年的实验教学实践和科研成果，编写了《水产动物遗传育种学实验》一书。

　　本书根据水产养殖专业最新教学计划和课程大纲编写，分总论、基础型实验、综合型实验、研究创新型实验、虚拟仿真实验和附录6部分，包括27个实验项目，涉及经典遗传学实验、细胞遗传学实验、分子遗传学实验、数量遗传学和育种学实验设计等，实验内容由浅至深，易于理解和掌握。除基础型实验使用遗传学经典实验材料外，其他实验项目均以水产动物为实验材料。郑小东对本书实验内容的编排、实验步骤的设计等进行整体规划，并对全书进行统稿。郑小东、徐成勋负责总论、基础型实验和虚拟仿真实验部分的编写；孔令锋、徐成勋负责综合型实验、研究创新型实验和附录部分的编写。另外，基于信息化教学新模式、新方法的示范应用，我们将部分实验操作拍成视频，读者扫描书中相应的二维码即可观看。本书适用于水产养殖、水族科学与技术、水生动物医学专业，也供动物科学等专业参考。

　　由于水平有限，不足之处在所难免，恳请读者批评指正，以便完善。

编者

2021 年 5 月于青岛

目录

第三部分　综合型实验

第四部分　研究创新型实验

第五部分　虚拟仿真实验

第六部分　附录

第一部分

总 论

从事实验者必须认真阅读实验细则，详细了解实验相关知识和应遵守的规则。

一、实验目的和要求

（1）掌握遗传育种学的基本实验方法和技能。

（2）通过实验验证，巩固所学的基本理论和基础知识。

（3）培养学生的观察、分析和动手能力，使其在实验态度、科研能力等方面获得初步训练。

二、实验过程中应注意的问题

（1）应注意实验所用材料的性质和状态。如果是活体生物，实验前应保持其自然存活状态。如果是浸制的或固定的标本，应先用清水冲洗，以避免药品刺激和影响实验。冲洗时，水流不可过急，以免损坏材料。观察和使用标本时，要耐心、仔细。

（2）要爱护实验材料，仔细使用实验仪器。若有浪费材料或损坏、丢失仪器等情形，视情节赔偿。

（3）实验过程中，禁止大声喧哗，要将手机关闭或使手机处于静音状态，保持室内安静。

三、实验规则

（1）不迟到、不早退。实验过程保持安静、清洁、整齐、有条理。

（2）爱惜仪器、标本，节约材料、药品和试剂。实验结束时，显微镜要恢复原位。

（3）不得损坏、遗失标本和仪器设备。若有损坏，应及时向指导教师报告，以便采取措施，妥善处理。

（4）不得自行拆看仪器。若发现仪器失灵，应及时通知指导教师，请指导教师检查、处理。

（5）药品使用严格按照说明书安全进行，有毒药品应在教师指导下使用。

（6）不得擅自挪用或借用实验器材和药品。

（7）不能回收利用的实验材料、试剂等应弃入废物器内。有毒试剂需要回收，不能随意倒入下水道中。

（8）实验结束后，值日组负责打扫卫生，擦洗实验台及地板。

四、实验指导及实验报告撰写

（1）需要做好实验预习，认真阅读实验指导，结合所学理论知识，了解实验目的和内容。

（2）每次实验前，指导教师进行讲解和说明。

（3）实验应按实验指导进行。对于不清楚的地方，应及时和指导教师沟通交流。

（4）实验报告包括绘图和答题两部分。字迹要清楚工整，内容要明晰、有条理。

（5）实验报告中生物绘图的要求如下：

具有高度科学性，形态结构要清晰、准确，充分体现真实性。

图面整洁。要用2H或3H铅笔，保持笔尖锐利。

绘图比例要正确。图位于报告纸的稍左边，右边留空白用于书写图注。

绘图线条要光滑流畅、匀称，打点要大小一致，不可涂色。

每图必须有图注。图注字用正楷体，大小要均匀，不能潦草。注图线用直尺画，间隔要均匀，且一般多向右边引出。图注部分接近时可用折线，但注图线之间不能交叉。图注要尽量排列整齐。

绘图完成后，在绘图纸上方写明实验名称、班级、姓名、时间，在图的下方注明图名及放大倍数。

（6）绘图步骤和注意事项如下：

绘图前，应根据实验所要求的绘图数量和内容，在图纸上安排好各图的位置、比例，并留出书写图注的地方，以免由于图设计不当而造成排列混乱，影响图的效果和美观。

　　绘图时，先绘整体图，再绘具体结构图。例如，绘制细胞结构图，应画出细胞全形，然后再绘细胞各部分结构。

　　先画草图，再绘详图。先在图纸上轻轻勾出轮廓，并注意对照观察所画轮廓大小是否得当，然后再描出与实物相吻合的线条。线条粗细均匀，光滑清晰，点要匀称，切忌点线重复描绘。

　　（7）按时完成实验报告并上交。

第二部分

基础型实验

实 验 ①

有丝分裂过程中的染色体行为观察

一、实验目的

（1）学习和掌握染色体压片技术。

（2）观察植物根尖细胞有丝分裂各个时期染色体的形态特征和动态变化。

二、实验原理

细胞分裂是生物个体生长和生命延续的基本特征，其中有丝分裂是生物体细胞增殖的主要方式。在有丝分裂过程中，细胞核内染色体能准确地复制，并能有规律地、均匀地分配到 2 个子细胞中去，使子细胞的遗传组成与母细胞完全一样，从而可以推断生物性状的遗传与染色体的准确复制和均等分配有关且支配生物性状的遗传物质主要存在于细胞核内的染色体上。

细胞有丝分裂是一个连续过程，可分为前期、中期、后期和末期。有丝分裂在整个细胞周期中约占 10% 的时间，而其余大部分时间是细胞间期。

有丝分裂各时期染色体的变化特征简述如下。

（1）前期：核内染色质逐渐浓缩为细长而卷曲的染色体。每一染色体含有 2 条染色单体，它们具有一个共同的着丝点。核仁和核膜逐渐模糊。

（2）中期：核仁和核膜消失。染色体缩短变粗，各染色体排列在赤道板上。从两极出现纺锤丝，分别与各染色体的着丝粒相连，形成纺锤体。中期染色体呈分散状态，此时便于鉴别形态和数目。

（3）后期：各染色体着丝点处分裂为二，连接的 2 条染色单体也相应分开，成为 2 条染色体，并各自随着纺锤丝的收缩而移向两极。两极各有一组染色体，每组染色体数目和原来的染色体数目相同。

（4）末期：分开在两极的每组染色体周围形成核膜，各自组成新的细胞核。在细胞质赤道板处形成新的细胞壁，使细胞一分为二，形成 2 个子细胞。这时细胞进入分裂间期——细胞间期。

（5）细胞间期：细胞分裂结束到下一次分裂之前的一段时期。在光学显微镜下，看不到染色体，只能看到细胞核及其中的染色质。实际上，细胞间期细胞核处于高度活跃的生理生化代谢阶段，为细胞继续分裂做物质准备。

高等植物有丝分裂主要发生在根尖、茎生长点及幼叶等部位的分生组织。由于根尖取材容易，操作和鉴定方便，故一般采用根尖作为观察有丝分裂的材料。

三、实验材料

蚕豆（*Vicia faba*，$2n=12$）的种子。

四、实验器具和药品试剂

1. 实验器具

显微镜、酒精灯、恒温箱、水浴锅、培养皿、载玻片、盖玻片、镊子、刀片、解剖针、木夹、吸水纸、滤纸、标签纸、铅笔等。

2. 药品试剂

无水乙醇、95%（体积分数，下同）的酒精、80%的酒精、70%的酒精、1 mol/L 的盐酸、冰醋酸、洋红、碱性品红、苯酚、甲醛、甲醇、山梨醇、醋酸铁或氢氧化铁水溶液、质量分数为 0.1%的秋水仙素溶液。

3. 试剂制备

（1）醋酸洋红染液：将 90 mL 冰醋酸加入 110 mL 蒸馏水中。加入洋红 1 g，煮沸，使其过饱和，冷却过滤，并加醋酸铁或氢氧化铁（媒染剂）水溶液数滴。也可以在加入 1 g 洋红的同时加入 1 枚大头针，煮沸，然后文火 2～3 h，之后冷却过滤。

（2）改良苯酚品红染液：将 3 g 碱性品红溶于 100 mL 70% 的酒精，取其中 10 mL 加于 90 mL 5% 的苯酚水溶液中，搅拌均匀。从中取 55 mL 溶液，加入 6 mL 冰醋酸和 6 mL 38% 的甲醛。取混合液 20 mL，加 45% 的冰醋酸 80 mL，充分混匀，再加入 1 g 山梨醇，放置 14 d 后使用。此染液可保存 3 年。

（3）卡诺氏（Carnoy's）固定液：

配方Ⅰ：将无水乙醇和冰醋酸按 3 : 1 的体积比混合。

配方Ⅱ：将无水乙醇、冰醋酸和氯仿按 6 : 1 : 3 的体积比混合。

配方Ⅲ：将甲醇和冰醋酸按 3 : 1 的体积比混合。

注意：所得混合液是研究细胞分裂和染色体的优良固定液，需要现用现配，长时间放置会影响固定效果，固定时间不宜过久。必要时可以调整乙醇（或甲醇）与冰醋酸之间的比例。增加冰醋酸量，有助于细胞膨胀，染色体舒展，但是也容易导致细胞破裂和染色体散失。

五、实验步骤

1. 材料准备

选取当年收获的饱满的蚕豆种子，放于 45℃ ~ 50℃ 的水中，使种子充分吸水膨胀。然后将水倒出，用蒸馏水清洗种子。将种子包于干净的双层湿纱布中，置于 25℃ 恒温箱。待种子开始萌发时取出，使胚根外露、向下，插入经水洗过的 3 ~ 5 cm 厚的湿锯末中，保持温湿条件继续培养。当胚根长到 1.5 ~ 2.0 cm 时，切除主根根尖，将种子继续埋入湿锯末中，使其生出侧根。当侧根长至 1.5 cm 左右时，用水洗净根系，用吸水纸尽量吸干种子及胚根上的水分。将长出侧根的蚕豆置于 0.1% 的秋水仙素溶液中（溶液用量以浸没根尖为宜），保存在 8℃ 培养箱中。这样处理可抑制和破坏纺锤丝的形成，促使染色体缩短和分散。用刀片或剪刀取下长约 1 cm 的根尖，将根尖用卡诺氏固定液在室温条件下固定 2 ~ 24 h，固定液用量为根尖材料体积的 15 倍以上。固定完成后，根尖用 95% 的酒精冲洗，之后置于 70% 的酒精中。这样经过处理的根尖在 0℃ ~ 4℃的条件下可保存 1 ~ 2 年。

2. 染色体标本的制作

将数个根尖放入盛有 5 mL 醋酸洋红染液的小试管中。用木夹夹住试管，在酒精灯上加热煮沸，稍离火，再煮沸，重复 7 ~ 8 次，使根尖软化着色。加热时，要先预热并不断摇动试管，以防煮沸的染液冲出。将处理过的根尖倒入培养皿中。取根尖，置于载玻片上。切取根尖分生组织约 1.5 mm，加 1 滴醋酸洋红染液，盖上盖玻片，包被吸水纸以吸干多余染液，用手指轻压，再用带皮头的玻璃棒垂直轻敲。注意，敲打时不要移动盖玻片。

3. 镜检

先用低倍镜寻找有分裂相的细胞，随机统计 100 个细胞，确定处于不同分裂时期的细胞百分率，再用高倍镜仔细观察各时期染色体的行为和特征。

六、实验注意事项

（1）卡诺氏固定液应现用现配。

（2）确定所取实验材料为根尖。

（3）根尖镜检材料不宜取太多，否则会导致细胞不能很好地压散。

（4）制片时应注意手法，避免产生气泡，并使细胞完全散开。

七、实验作业

（1）制作细胞有丝分裂各时期图像清晰的片子 1 ~ 2 张。

（2）对所观察到的有丝分裂各时期细胞分裂相进行绘图，并简要说明染色体的行为特征。

八、参考图

参考图见图 1.1 至图 1.3。

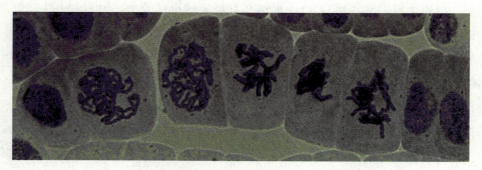

图 1.1　蚕豆根尖有丝分裂各时期细胞分裂相

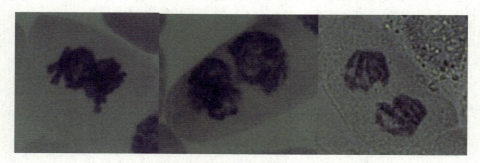

图 1.2　蚕豆根尖有丝分裂中期、后期细胞分裂相

图 1.3　蚕豆根尖有丝分裂中期细胞分裂相

实 验 2

减数分裂过程中的染色体行为观察

一、实验目的

了解高等植物形成花粉时的减数分裂过程，掌握染色体标本制片技术。

二、实验原理

减数分裂只发生在生殖细胞形成的过程中。细胞连续分裂两次，而染色体只复制一次，结果染色体数目减半，所以称作减数分裂。减数分裂包括两次细胞分裂，第一次细胞染色体数目减半，而第二次是普通的有丝分裂。另外，第一次细胞分裂存在一个相当复杂的前期，而且具有同源染色体配对和交叉等现象。

三、实验材料

玉米（2*ea mays*，2*n*=20）雄蕊。

四、实验器具和药品试剂

1. 实验器具

显微镜、酒精灯、恒温箱、水浴锅、培养皿、载玻片、盖玻片、镊子、刀片、解剖针、木夹、吸水纸、滤纸、标签纸、铅笔等。

2. 药品试剂

95%的酒精、70%的酒精、洋红、碱性品红、苯酚、甲醛、甲醇、山梨醇、冰醋酸、醋酸铁或氢氧化铁水溶液。

3. 试剂制备

（1）醋酸洋红染液制备见实验1。

（2）改良苯酚品红染液制备见实验1。

（3）卡诺氏固定液制备见实验1。

五、实验步骤

1. 取材

取材时机选择适宜是确保能观察到减数分裂各时期的关键。

北方产的玉米需要于5月份取材，取材时间以上午8：30左右为佳。除太老的分枝以外，每一个分枝中的中部偏上区域为相对成熟的部分。从此往尖端或基部，小穗逐渐幼嫩。玉米小穗是成对存在的。无柄小穗的发育时期比邻近的有柄小穗的发育时期要早。每个小穗中有2朵小花，每朵小花各有花药3个。第一朵小花比第二朵小花幼嫩。第一朵小花的发育时期依各小穗着生部位不同有一定的顺序性，而同一朵小花的3个花药几乎处于同一发育时期。通常在一个分枝上从幼嫩的部位向成熟的区域混合取材、制片，可以在一个片子中看到小孢子形成过程中的各个时期。

2. 固定与保存

取刚开始孕穗的玉米植株（此时植株一般有12～14个展开的叶片），用手摸植株上部（喇叭口下部）有松软的感觉，表明雄花序即将抽出。用刀在顶叶近喇叭口处纵切，切口长10～15 cm。剥开未展开的叶片，摘取幼嫩的雄穗，放入卡诺氏固定液中固定12～24 h。用95%的酒精洗脱醋酸，再移入70%的酒精中，存于4℃冰箱内备用。固定时间一般在上午7：00—9：00为宜，此时分裂相较多。

3. 染色与制片

从固定保存的材料中取下一朵花，置于载玻片上。用解剖针剥开内外颖片，可以看到3枚棒状的雄蕊。除去内外颖片，留下雄蕊，滴加少量的改良苯酚品红染液（或醋酸洋红染液）。用解剖针将花粉囊挤破，使花粉母细胞游离出来，并将其均匀地涂布在载玻片上。除去囊壁残渣，盖好盖玻片，盖上吸水纸，用拇指轻压盖玻片，吸去周围多余的染液，勿使盖玻片移动。若细胞质染色过深，可在盖玻片一侧滴加 45%的冰醋酸水溶液，在另一侧用吸水纸吸，让冰醋酸水溶液从盖玻片下流过，达到分色目的。

4. 镜检

在显微镜下寻找、观察花粉母细胞、二分体、四分体、花粉粒及各时期细胞。

六、实验结果

细胞的减数分裂包括第一次细胞分裂（前期Ⅰ、中期Ⅰ、后期Ⅰ、末期Ⅰ）和第二次细胞分裂（前期Ⅱ、中期Ⅱ、后期Ⅱ、末期Ⅱ）。

1. 减数分裂Ⅰ期

（1）前期Ⅰ（prophase Ⅰ）：包括细线期、偶线期、粗线期、双线期和终变期。

细线期（leptotene stage）：染色体细长，在显微镜下呈细丝状，在核内一侧缠绕在一起，可见核膜和核仁。（图 2.1a）

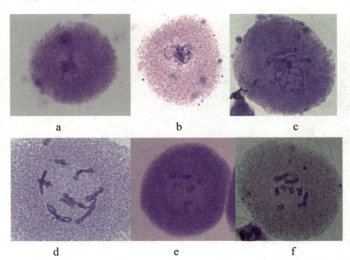

a

b

c

d

e

f

a.细线期；b.偶线期；c.粗线期；d.双线期；e.终变期；f.终变期。

图 2.1　玉米花粉母细胞减数分裂前期Ⅰ

偶线期（zygotene stage）：染色体稍粗些，同源染色体配对联会，这是减数分裂特有的现象。染色体比细线期略分散。（图2.1b）

粗线期（pachytene stage）：联会过程完成。同源染色体间的互换发生在这一时期，但因同源染色体联会在一起，所以看不到交叉现象。这时可区分配对的双价体，每个双价体含有4条染色单体，但仅有2个着丝粒。染色体继续变短、变粗。（图2.1c）

双线期（diplotene stage）：联会消失，同源染色体分开。由于同源染色体分开，可清楚地看到交叉现象，交叉部位呈X、V、O等形状。交叉现象的存在抑制了同源染色体的完全分离，交叉部位可能已发生互换而实现了染色体重组。（图2.1d）

终变期（diakinesis stage）：染色体进一步变短、变粗，交叉点向染色体两极移动，这种现象称短化现象。此时期可清楚地数出染色体的数目。终变期末核膜消失，核仁也消失。（图2.1e、图2.1f）

（2）中期Ⅰ（metaphase Ⅰ）：核仁、核膜消失，纺锤体形成，双价体（同源染色体）排列在赤道上，2条同源染色体的着丝粒逐渐远离。（图2.2a）

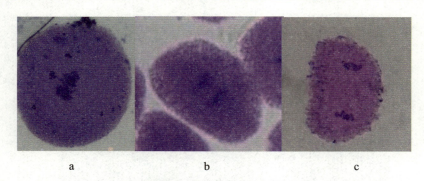

a．中期Ⅰ；b．后期Ⅰ；c．末期Ⅰ。

图2.2　玉米花粉母细胞减数分裂Ⅰ期的分裂相

（3）后期Ⅰ（anaphase Ⅰ）：同源染色体逐渐向两极移动。每条染色体有1个着丝粒和2条染色单体。（图2.2b）

（4）末期Ⅰ（telophase Ⅰ）：染色体到达两极后解旋，又呈细丝状。核膜

形成。胞质分裂形成 2 个子细胞，每个子细胞只接受了每一对同源染色体中的 1 条染色体。（图 2.2c）

2. 间期（interphase）

间期即二分孢子时期。在此时间不发生DNA合成和染色体复制。有的植物和大多数动物不经过末期和间期，直接进入第二次减数分裂的晚前期。

3. 减数分裂Ⅱ期

（1）前期Ⅱ（prophase Ⅱ）：染色体变粗、变短。每条染色体含有 1 个着丝粒和纵向排列的 2 条染色单体。（图 2.3a）

（2）中期Ⅱ（metaphase Ⅱ）：纺锤体形成，染色体排列在赤道板上。（图 2.3b）

（3）后期Ⅱ（anaphase Ⅱ）：着丝粒分裂，2 条染色单体分别移向两极，每极只含 n 条染色体。（图 2.3c）

（4）末期Ⅱ（telophase Ⅱ）：染色体逐渐解螺旋，变为细丝状。核膜重建，核仁重新形成。每个子细胞又形成 2 个新的子细胞，从而产生四分孢子，完成了减数分裂的过程。（图 2.3d 至图 2.3f）

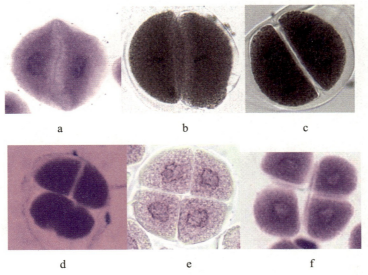

a. 前期Ⅱ；b. 中期Ⅱ；c. 后期Ⅱ；d. 末期Ⅱ；e. 四分孢子；f. 形成花粉。

图 2.3　玉米花粉母细胞减数分裂Ⅱ期分裂相

七、实验注意事项

（1）实验前应预习，熟悉花药的形态，以便于实验时在显微镜下找到花药。

（2）将小穗挑到载玻片上后应吸去多余酒精。

（3）在花药中找花粉母细胞前应将花药染色。

（4）制片时应注意手法，以便于后期观察。

八、实验作业和思考题

（1）绘制观察到的植物细胞减数分裂各个时期的典型细胞（示染色体形态）。

（2）比较有丝分裂和减数分裂的异同。

（3）双线期的交叉现象具有怎样的遗传学意义？

实 验 3

果蝇的形态、生活史、培养及杂交方法

一、实验目的

（1）了解果蝇的形态和生活史。

（2）掌握果蝇的培养及杂交方法。

二、实验材料

黑腹果蝇（*Drosophila melanogaster*）的各品系。

三、实验器具和药品试剂

1.实验器具

显微镜、解剖镜、放大镜、培养瓶、麻醉瓶、白瓷板、毛笔、镊子、脱脂棉球。

2.药品试剂

乙醚。

四、果蝇的形态和生活史

果蝇属于昆虫纲双翅目。其发育属于完全变态发育。果蝇因容易培养，生活史短，繁殖率高，品系多，所以被广泛地用来验证遗传学基本规律和进行遗传学研究。

果蝇分为头、胸、腹3部分，头部有触角、复眼等，胸部有足、翅和刚毛等，腹部有条纹和色斑等。

果蝇的生长、发育、繁殖与温度有密切的关系。30℃以上，果蝇不育或死亡。10℃以下，果蝇生活史延长，生活力降低。果蝇的最适生长温度为25℃（表3.1）。

表3.1   果蝇发育阶段与温度的关系表

发育阶段	温度			
	10℃	15℃	20℃	25℃
卵→幼虫 幼虫→成虫	57 d	20 d	8 d 7 d	5 d 4 d

果蝇的生活史分为卵、幼虫、蛹和成虫阶段。在25℃的条件下，果蝇从卵到成虫为9 d左右（图3.1）。

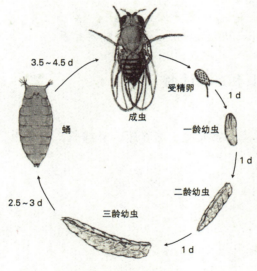

图 3.1   果蝇的生活史

五、果蝇的培养

1. 培养基的配制

我们经常在水果摊和果园里看到大量的果蝇，往往错误地认为果蝇是以水果为食的。其实，果蝇吃的是生长在水果上的酵母。因此，凡是能够发酵的基质均可以作为果蝇培养基。常用的果蝇培养基有玉米培养基、香蕉培养基、米粉培养基等，配方见附录2。

我们一直是采用如下配方的玉米培养基：琼脂 1.5 g，白糖 13 g，玉米面 17 g，水 150 mL。具体配制方法如下：取 75 mL 水，加入琼脂和白糖，搅拌均匀，放在电炉上边搅拌（防糊底）边加热，使琼脂融化。另取 75 mL 水，放入玉米面，调匀。待琼脂完全融化后（此时溶液变澄清），将调好的玉米面糊边搅拌边倒入琼脂溶液中，煮沸数分钟（煮沸过程中不断搅拌）。之后加入 1 mL 丙酸，准备分装。

2. 分装

趁热将玉米培养基倒入已消毒的培养瓶中，培养基厚 2 ~ 3 cm。注意勿将培养基粘在瓶口处。待培养基冷却后，用酒精棉球擦去瓶壁上的水珠，撒上少量酵母粉，并插一枚三角形纸签（其功能一为吸水，二为提供幼虫化蛹时所需要的干燥场所），最后塞上消毒的棉塞，即可用来培养果蝇。

六、果蝇杂交的方法

1. 麻醉取种

在用不同品系的果蝇进行杂交实验时，需要进行麻醉取种。所选麻醉瓶口径与培养瓶的相同。麻醉瓶的瓶塞用棉塞，在棉塞上滴几滴乙醚用来麻醉果蝇。具体操作如下。

（1）将培养瓶在手上轻敲一下，使果蝇落于瓶底。

（2）迅速拔取培养瓶瓶塞并扣上麻醉瓶。

（3）将培养瓶和麻醉瓶倒转过来，使麻醉瓶在下面，并用手在果蝇背侧方向轻拍培养瓶壁，使果蝇落入麻醉瓶中。

（4）迅速拿掉培养瓶并塞上内侧滴有乙醚的瓶塞，边转动边观察。等果蝇从瓶壁上掉落后，将果蝇倒在白瓷板上。

如果要进行二代分析，可将果蝇深度麻醉，甚至麻醉至死亡。果蝇死亡的表征是翅膀翘起来。

2. 雌雄鉴别

（1）幼虫期：雄蝇后端 1/3 处可见发亮的圆球体（精巢），雌蝇无此圆球体，但幼虫期间雌雄一般不易区分。

（2）成虫期（表 3.2）：① 雄蝇体形较小；雌蝇体形较大（图 3.2）。② 雄蝇第一对足的跗节基部表面有一排黑色的鬃毛（称为性梳）；雌蝇则无（图 3.3）。③ 雄蝇腹部背面有 3 条黑色条纹，前两条细，后一条宽而延至腹面，形成一明显的黑斑；雌蝇腹部背面有 5 条黑色条纹。

表 3.2　果蝇成虫雌雄个体的主要特征

	雌蝇（♀）	雄蝇（♂）
体形	较大	较小
腹部末端	稍尖，无黑斑	钝圆，有黑斑
背部条纹	5 条	3 条，最后一条宽且延伸至腹面，形成一明显黑斑
腹片数	6 片	4 片
性梳	无	有，位于第一对足跗节上
外生殖器	外观简单，低倍镜下明显看到阴道板和肛上板	外观复杂，低倍镜下明显看到生殖弧、肛上板及阴茎（刚孵出的幼蝇更清楚）

3. 杂交

在培养瓶中放入所需要的亲体 3 对，使其交配繁殖，在培养瓶上写上标签，注明交配组合的名称、实验者姓名和日期，然后置于 25℃培养箱中培养。

在杂交实验中要注意下列 3 点：

（1）雌蝇亲本必须是处女蝇。雌蝇有储精囊，可保留交配所得的大量精子，几乎够其用一生。所以，杂交实验必须选用处女蝇，以保证雌蝇与所用雄蝇亲体交配。雌蝇羽化后 8 h 内不会交配，要在羽化后 8 h 内收集处女蝇。

（2）当子蝇开始孵化以前（即杂交后1星期内），须倒出亲体，以免亲体和子代混交。

（3）子代计数要在杂交后20 d内进行，避免子二代与子一代混杂。

七、实验注意事项

（1）使用二氧化碳麻醉装置时应把通风阀打开。

（2）麻醉果蝇时应将瓶口朝下震荡果蝇。

（3）麻醉后的果蝇应放在白瓷板上，旁边放置乙醚棉球并盖上玻璃皿，以防果蝇苏醒。

八、实验作业

（1）练习麻醉果蝇方法。

（2）观察比较雌、雄果蝇成体的外形和背、腹面，并用显微镜观察第一对足的形态及其区别。

（3）观察几种果蝇品系的外部性状，包括体色、翅形、眼形和眼色、刚毛等（图3.4、图3.5）。

九、参考图

参考图见图3.2至图3.5。

a　　　　　　　　　　　　b

a.雌蝇；b.雄蝇。

图3.2　雌、雄果蝇外形判别（残翅品系果蝇）

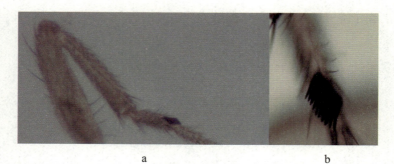

a. 雌蝇；b. 雄蝇。

图 3.3 雄果蝇的性梳（位于第一对足的跗节基部）

a. 长翅；b. 小翅；c. 残翅。

图 3.4 果蝇各品系的翅形

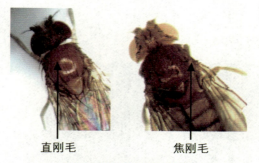

直刚毛   焦刚毛

图 3.5 果蝇各品系的刚毛

实验 4

果蝇的杂交综合实验

一、实验目的

（1）掌握果蝇的杂交技术，并学会记录交配结果和掌握统计处理方法。

（2）通过杂交实验验证伴性遗传和自由组合定律，并掌握其特点。

（3）通过果蝇的三点测交实验，掌握绘制遗传学图的原理和方法，进一步加深对重组值、遗传作图、双交换值、并发率和干涉等概念的理解。

二、实验材料

黑腹果蝇品系：野生型（红眼），wild type（＋）；突变型（白眼），white eye（*w*）。

乌身（ebnoy）长翅果蝇（*ee VgVg*），灰身残翅（vestigial）果蝇（*EE vgvg*）。

三、实验用具和试剂

1.实验器具

解剖镜、培养瓶、麻醉瓶、白瓷板、海绵、毛笔、镊子、大试管。

2.药品试剂

乙醚、玉米面、琼脂、蔗糖、酵母粉、丙酸。

四、实验原理

1. 伴性遗传

果蝇的红眼与白眼是一对由性染色体上的基因控制的相对性状。用红眼雌蝇与白眼雄蝇交配，F_1 代雌、雄蝇均为红眼。F_1 代相互交配，F_2 代则雌蝇均为红眼，红眼雄蝇与白眼雄蝇比例为 1 ∶ 1。相反，用白眼雌蝇与红眼雄蝇交配，F_1 代雌蝇均为红眼，雄蝇都是白眼。F_1 相互交配得 F_2 代，红眼雌蝇与白眼雌蝇比例为 1 ∶ 1，红眼雄蝇与白眼雄蝇比例亦为 1 ∶ 1（图4.1）。由此可见位于性染色体上的基因与性别有关系。

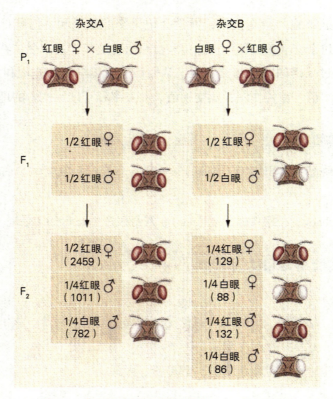

图 4.1　果蝇正反交示意图（引自 Klug 等，2007）

2. 自由组合

残翅基因（*vg*）在第二对染色体上，乌身基因（*ee*）在第三对染色体上。它们是不同染色体上的非等位基因，因此在遗传上遵循自由组合规律。

P 　　　　　　　　　　　　*ee VgVg × EE vgvg*

↓

F₁ 　　　　　　　　　　　　　*Ee Vgvg*

↓

F₂ 　　　　　　　　　*E — Vg —，E — vgvg，ee Vg —，ee vgvg*

　　　　　　　　　　　9 ：　　　3 ：　　　　3 ：　　　1

3. 三点测交与遗传作图

基因图距是通过重组值的测定而得到的。如果基因座位相距很近，可将重组率看作交换率，根据重组率的大小计算有关基因间的相对距离，把基因顺次排列在染色体上，绘制出基因图。如果基因间相距较远，两个基因间往往发生二次以上的交换。这时如果简单地把重组率看作交换率，那么交换率就被低估了，图距自然也随之缩小了。这时需要利用实验数据进行校正，以便正确估计图距。根据这个道理，可以确定一系列基因在染色体上的相对位置。例如 *a*、*b*、*c* 3 个基因是连锁的，要测定 3 个基因的相对位置，可以用野生型果蝇（+++，表示 3 个野生型基因）与三隐性果蝇（*a*、*b*、*c* 3 个突变隐性基因）杂交，制成三因子杂种 *a b c*/+++，再把雌性杂种与三隐性个体测交。由于基因间的交换，在下代中得到 8 种不同表型的果蝇。这样经过数据处理，一次实验就可以测出 3 个连锁基因的距离和顺序。这种方法叫作三点测交或三点实验。

性状特征：三隐性果蝇（*m sn³ w*，图 4.2）的翅比野生型的短些，仅至腹端，称小翅（*m*）；刚毛是卷曲的，称焦刚毛（*sn³*）或卷刚毛；眼睛白色（*w*）。这 3 个基因都在 X 染色体上。

图 4.2　三隐性果蝇

交配方式：把三隐性雌蝇与野生型雄蝇杂交，所得子一代的雌蝇是三因子杂种 $\dfrac{m\ sn^3\ w}{+\ +\ +}$，雄蝇是 $\dfrac{m\ sn^3\ w}{\longrightarrow}$（横线表示一条X染色体，箭头横线表示一条Y染色体）。子一代雌、雄果蝇相互交配得测交后代（图4.3）。

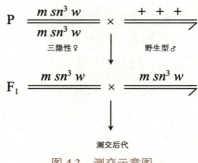

图4.3　测交示意图

子一代的雌蝇表型是野生型，雄蝇是三隐性个体。测交后代中多数个体表型与原来亲本相同，同时也会出现少量与亲本表型不同的个体，称重组型。重组型是基因间发生交换的结果（图4.4）。

子一代雌蝇是三因子杂合体，可形成8种配子，而子一代雄蝇是三隐性个体，所以子一代雌、雄蝇相互交配时，子二代可得到8种表型。根据8种表型的相对频率，可以计算重组值，确定基因排列顺序。

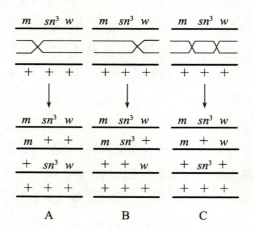

A. 交换发生在 m—sn^3 间；B. 交换发生在 sn^3—w 间；C. 交换同时发生在 m—sn^3 和 sn^3—w 间。

图4.4　重组示意图

图距和重组值的关系：图距表示基因间的相对距离，通常是由两个邻近的基因图距相加得来的。重组值表示基因间的交换频率，所以图距往往并不同于重组值。图距可以超过 50，重组值只会逐渐接近而不会超过 50%，只有基因相距较近时，图距才和重组值相等。

五、实验步骤

1. 伴性遗传

（1）果蝇饲养。在选择实验材料时，所需要的性状要位于性染色体上。已知红眼和白眼是 X 染色体上的一对基因。要分别饲养这两个品系的果蝇，待培养瓶中有幼虫和蛹出现时，便将成蝇移去，并加以处理。

（2）选择亲本。从刚羽化出的果蝇中分别选择红眼雌蝇和白眼雌蝇。为了保证雌蝇是处女蝇，要在羽化后 8 h 内收集。

（3）果蝇正反交实验。在做伴性遗传杂交实验时，一定要同时做正交和反交遗传实验，因为决定性状的基因在性染色体上，正、反交的后代会出现性状和性别的差异。把选好的红眼、白眼雌蝇分别放入培养瓶中，再按实验的要求在红眼雌蝇瓶中放进白眼雄蝇，在白眼雌蝇瓶中放进红眼雄蝇。果蝇全部放好以后，要在杂交瓶上贴上标签，标明实验题目、杂交组合、杂交日期、实验者姓名。把果蝇放在最适温度（25℃）条件下饲养。

正交：红眼（♀）× 白眼（♂）。

反交：白眼（♀）× 红眼（♂）。

（4）去亲本。果蝇饲养 7 ~ 8 d，培养瓶中出现了幼虫和蛹。这时可以将亲本移出，以防止亲本与 F_1 代果蝇混杂，影响实验效果。

（5）F_1 代性状观察。又经过几天之后，培养瓶中出现了 F_1 代果蝇成蝇。仔细观察 F_1 代果蝇性状，统计正交、反交结果（表 4.1、表 4.2）。

表 4.1　正交实验 F_1 代果蝇数量统计结果表

统计日期	各类果蝇的数量			
	红眼（♀）	红眼（♂）	白眼（♀）	白眼（♂）
合计				

表 4.2　反交实验 F_1 代果蝇数量统计结果表

统计日期	各类果蝇的数量			
	红眼（♀）	红眼（♂）	白眼（♀）	白眼（♂）
合计				

（6）F_1 代自交。把正交得到的 F_1 代果蝇转入一个新培养瓶中进行互交，把反交得到的 F_1 代果蝇转入另一个新培养瓶中进行互交（不需挑选处女蝇）。

（7）去亲本。经过 7~8 d 的培养，在新的培养瓶里又出现了幼虫和蛹。这时把瓶里成蝇转移出去，并处理掉，防止与 F_2 代果蝇杂交。

（8）F_2 代结果统计。统计正、反交 F_1 代自交结果（表 4.3、表 4.4）。

表 4.3　正交 F_1 代自交结果统计表

统计日期	各类果蝇的数量			
	红眼（♀）	红眼（♂）	白眼（♀）	白眼（♂）
合计				

表 4.4 反交 F_1 代自交结果统计表

统计日期	各类果蝇的数量			
	红眼（♀）	红眼（♂）	白眼（♀）	白眼（♂）
合计				

2. 自由组合

（1）挑选 3 对灰身残翅处女蝇和乌身长翅雄蝇进行杂交（或进行反交）。

（2）1 星期后倒出亲本果蝇，并观察核对亲本性质。

（3）待 F_1 代孵化出来后，观察其性状并选取 3 ～ 5 对 F_1 代果蝇进行自交。

（4）1 星期后倒出 F_1 代果蝇。

（5）待 F_2 代成蝇出现后，观察其 4 种类型，统计结果，然后用 χ^2 法求出概率。

3. 三点测交及遗传作图

（1）收集三隐性处女蝇，放于培养瓶中，每瓶 5 ～ 6 只。

（2）杂交。挑出野生型雄蝇，放到装有处女蝇的培养瓶中杂交，每瓶 5 ～ 6 只。

（3）贴好标签（图 4.5），在 25℃ 条件下培养。

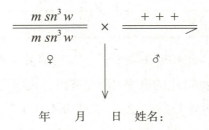

图 4.5 野生型雄蝇与三隐性处女蝇杂交标签

（4）经过 7 ～ 8 d 的培养，培养瓶中出现蛹。倒去亲本。

（5）再经过 4 ~ 5 d，蛹羽化出 F_1 代成蝇。F_1 代雌蝇全部是野生型表型，雄蝇都是三隐性个体。

（6）从 F_1 代中选 20 ~ 30 对果蝇，放到新的培养瓶中杂交。每瓶 5 ~ 6 对。

（7）经过 7 ~ 8 d，蛹出现，倒去亲本。

（8）再经过 4 ~ 5 d，蛹羽化出 F_2 代成蝇。开始观察。

（9）把 F_2 代果蝇倒出麻醉，放在白瓷板上，用解剖镜检查眼色、翅形、刚毛。对各类果蝇分别计数。将检查过的果蝇倒掉。2 d 后再检查第二批。连续检查 8 ~ 10 d，即 3 ~ 4 次。在 25℃ 下，第一批果蝇羽化出 8 d 内观察是可靠的，再迟时 F_3 代可能会出现。要求至少统计 250 只果蝇。

六、结果统计、χ^2 检验、重组值计算

1. 伴性遗传

将 F_1 代和 F_2 代结果统计至表 4.5。

表 4.5　伴性遗传实验 F_1 代和 F_2 代结果统计表

观察结果	各类果蝇的数目			
	红眼 ♂（＋）	白眼 ♂（w）	红眼 ♀（＋）	白眼 ♀（w）
观察值（O）				
理论值（3：1，E）				
偏差（$O-E$）				
（$O-E$）^{2}/E				

χ^2 检验进行如下。自由度 $=n-1$。$\chi^2=\sum$（观察值 - 理论值）^{2}/理论值。

通过查表得知 χ^2 值对应的概率 P 所在范围，说明果蝇的红眼、白眼这一对性状是否位于性染色体上，它们的子二代分离比是否接近 1：1：1：1。

2. 自由组合

将 F_1 代和 F_2 代结果统计至表 4.6。

表 4.6　自由组合实验 F_1 代和 F_2 代结果统计表

子代	灰身长翅	灰身残翅	乌身长翅	乌身残翅
F_1				
F_2				

3. 三点测交及遗传作图

按下列顺序填表和计算。

（1）统计 F_2 代 8 种表型的个体数，计算总数（表 4.7）。

表 4.7　三点测交实验 F_2 代结果统计表

表现型	基因型	数目	交换区间		
			$m—sn^3（A）$	$w—sn^3（B）$	$m—w（C）$
红眼直刚毛长翅					
白眼卷刚毛小翅					
红眼卷刚毛小翅					
白眼直刚毛长翅					
红眼直刚毛小翅					
白眼卷刚毛长翅					
红眼卷刚毛长翅					
白眼直刚毛小翅					
合计（T）					
重组值/%					

（2）填写"交换区间"栏。因为测交亲本是三隐性个体，所以若基因间有交换，便可在表型上显示出来。因而，从测交后代的表型便可推知某两个基因是否重组。

（3）计算基因间的重组值。

m—sn^3 间的重组值 = $A/T \times 100\%$。

m—w 间的重组值 = $B/T \times 100\%$。

w—sn^3 间的重组值 = $C/T \times 100\%$。

（4）绘制连锁图谱。分析 m—w 间重组值小于 m—sn^3 间和 sn^3—w 间重组值之和的原因。

（5）计算双交换值。m—w 间重组值小于 m—sn^3 与 w—sn^3 间重组值之和，这是因为两个相距较远的基因发生了双交换。而这种发生了双交换的果蝇在基因顺序尚未揭晓时，也就是当遗传学图还没有画出时，是难以确定的。遗传学图画出以后，可以分析 m—w 间发生双交换能产生两种表型的果蝇：小翅、直刚毛、白眼（$m+w$）和长翅、卷刚毛、红眼（$+sn^3+$）。在计算 m—w 间重组值时，这两种果蝇数值没有被计算进去。两个相距较远的基因的重组值被低估了。因为是双交换，所以重组值再乘以 2，得到 m—w 间重组值的校正值。画出图距。

（6）计算并发率和干涉。如果两个基因间的单交换并不影响邻近两个基因的单交换，那么预期的双交换频率应等于两个单交换频率的乘积。但实际上观察到的双交换频率往往低于预期值。每发生一次单交换，它邻近也发生一次交换的机会就减少一些，这叫作干涉。一般用并发率来表示干涉的大小（式 4.1、式 4.2）。

$$并发率 = \frac{观察到的双交换频率}{两个单交换频率的乘积} \qquad （式 4.1）$$

$$干涉 = 1 - 并发率 \qquad （式 4.2）$$

七、实验注意事项

（1）注意处女蝇的选取时间和雌、雄蝇的区别。

（2）亲本要去干净。

（3）自交要用新培养瓶。

（4）统计数与理论数不符时要找出原因。

（5）本实验持续 5 周。

八、实验作业和思考题

1. 伴性遗传

作业：

（1）对正、反交结果进行统计分析，并做 χ^2 检验。

（2）总结伴性遗传的特点。

（3）假设控制红、白眼色的基因位于常染色体上，那么正、反交的结果又将如何呢？

思考题：

（1）在伴性遗传过程中，为什么无论是 F_1 代还是 F_2 代正反交结果都不相同？

（2）Y 型性别决定的生物在传宗接代过程中，X、Y 性染色体在亲、子代之间的传递特点是什么？

（3）如何从亲、子代的不同性状来鉴别伴性遗传与非伴性遗传现象？

（4）通过怎样的婚配方式来鉴别某一个基因在 X 性染色体上，而不是在其他染色体上？

2. 三点测交及遗传作图

（1）分别以个人、小组、大组为单位整理数据，计算重组值、并发率，绘连锁图。

（2）分析总结影响实验结果的因素。

实验 5

果蝇的唾腺染色体观察

一、实验目的

（1）学习剖离果蝇幼虫唾腺和压制唾腺染色体标本的方法。

（2）观察唾腺细胞的巨大染色体。

二、实验原理

20 世纪初，D. Kostoff 用压片法首先在黑腹果蝇（*Drosophila melanogaster*）幼虫的唾腺细胞核中发现了巨大的染色体——唾腺染色体（salivary gland chromosome）。事实上，双翅目昆虫（如摇蚊、果蝇）的幼虫期都具有很大的唾腺细胞，其中的巨大的唾腺染色体具有许多重要特征，为遗传学研究的许多方面，如染色体结构、化学组成、基因差别表达提供了独特的研究材料。

双翅目昆虫的整个消化道细胞发育到一定阶段之后就不再进行有丝分裂，而停留在细胞分裂间期。但随着幼虫整体器官以及这些细胞本身体积的增大，染色体，尤其是唾腺染色体仍不断地进行自我复制而不分开，形成 1 000 ~ 4 000 拷贝的染色体丝，合起来达 5 μm 宽，400 μm 长，比普通中期相染色体大得多（是普通中期染色体体积的 100 ~ 150 倍），所以又称为多线染色体（polytene chromosome）和巨大染色体（giant chromosome）。

从形成之初，唾腺同源染色体即处于紧密配对状态（这种状态称为"体细胞联会"），在以后不断的复制中仍不分开。这样，成千上万条核蛋白纤维丝合在一起，紧密盘绕。所以配对的染色体只呈现单倍型。黑腹果蝇的染色体数为 2n=2×4，其中第Ⅱ对、第Ⅲ对染色体为中部着丝粒染色体，第Ⅳ对和第Ⅰ对（X染色体）染色体为端部着丝粒染色体（图 5.1）。而唾液腺染色体着丝粒和近着丝粒的异染色质区聚在一起成一染色中心（chromocenter），所以在光学显微镜下可见从染色体中心处伸出 6 条配对的染色体臂，其中 5 条为长臂，1 条为紧靠染色中心的很短的臂。

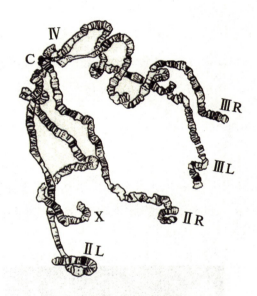

图 5.1　果蝇唾腺染色体模式图

　　由于唾腺细胞在果蝇幼虫时期一直处于细胞分裂间期，所以每条核蛋白纤维丝都处于伸展状态，因而不同于一般有丝分裂中期高度螺旋化的染色体。唾腺染色体经染色后，呈现深浅不同、疏密各异的横纹（band）。这些横纹的数目、位置、宽窄及排列顺序都具有种的特异性。不同染色体的横纹数量、形状和排列顺序是恒定的。利用这些特征不仅可以鉴定不同的染色体，还可以结合遗传实验结果进行基因定位。此外，体细胞同源染色体的配对有利于对染色体缺失、重复、倒位和易位等形态变异进行细胞学观察和研究。

三、实验材料

果蝇 3 龄幼虫。

四、实验器具和药品试剂

1. 实验器具

显微镜、双目解剖镜、培养瓶、载玻片、盖玻片、镊子、解剖针、吸水纸、酒精灯、火柴等。

2. 药品试剂

无水乙醇、冰醋酸、1%醋酸洋红染液、改良苯酚品红染液、生理盐水（0.007 g/mL 的氯化钠水溶液）、1 mol/L 盐酸、蒸馏水、玉米琼脂培养基。

五、实验步骤

1. 幼虫培养

将果蝇幼虫置于 16℃ ~ 18℃下饲养。当幼虫爬上瓶壁准备化蛹前，即为 3 龄幼虫（图 5.2）。此时虫体肥大，便于解剖，是制备唾腺染色体的最理想时期。

图 5.2　果蝇 3 龄幼虫

2. 腺体剖取

　　取一只肥大的 3 龄幼虫，置于盛有水的培养皿中，清洗去除其身上的污物。之后将其放在干净的载玻片上，滴一滴生理盐水，在解剖镜下辨认头部和尾部，熟悉幼虫结构（图5.3）。幼虫头部稍尖，有一黑点（即口器），不时地摆动。果蝇的唾腺位于幼虫体前 1/4 ~ 1/3 处。每只手各持一枚解剖针，在解剖镜下进行操作。使用一解剖针压住头部，压点尽可能靠头部黑点。因为幼虫会蠕动，这一步需练习几遍。幼虫头部固定之后，用另一解剖针压住（或用尖头镊子夹住）虫体后端 1/3 的部位（图5.4），平稳快速一拉，使口器部分断开。体内各器官从切口挤出，一对唾腺也随之而出。唾腺是一对透明而微白的长形小囊，呈香蕉状，由一个个较大的唾腺细胞组成。唾腺的侧面常常有一些白色、沫状、不透明的脂肪体附着，可用解剖针把唾腺周围的脂肪剥离干净。如果唾腺被拉断或未被拉出，可用解剖针在头部或身体处将其挤压出来。

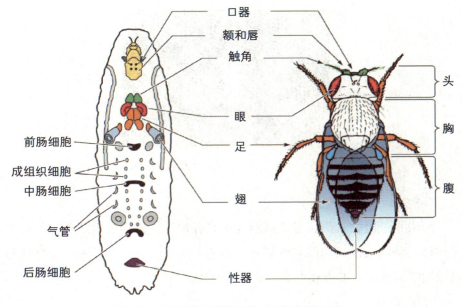

图 5.3　果蝇幼虫解剖图（左）和成虫（右）

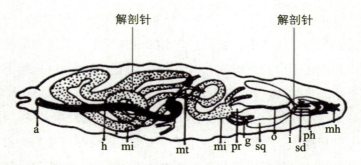

a. 肛门；h. 后肠；g. 盲囊；mi. 中肠；i. 唾腺原基；mh. 大腮钩；o. 食道；ph. 咽头；pr. 前胃；
sd. 唾腺分泌管；sq. 唾腺；mt. 马氏管。

图 5.4　果蝇唾腺解剖部位（引自王金发等，2004）

3. 解离

将头部、身体等部位其他组织清理干净，用吸水纸小心吸去生理盐水（注意吸水纸应离唾腺远些，以免吸附唾腺）。向唾腺（图 5.5）上加 1 滴 1 mol/L 盐酸，浸 2 ~ 3 min，使组织疏松，以便压片时细胞分散，染色体散开。

图 5.5　果蝇的唾腺（引自薛雅蓉等，2014）

4. 染色

用吸水纸吸去盐酸，加 1 滴蒸馏水轻轻冲洗，再用吸水纸吸干。加 2 滴醋酸洋红染液或改良苯酚品红染液，染色 5 ~ 20 min。此过程应保持唾腺一直浸泡于染液中。如染液干了，要及时补充。

5. 压片

换上新鲜染液或 45% 的醋酸水溶液，盖上盖玻片压片。将玻片放在较平的桌面上，用吸水纸包被玻片，吸干多余染液。用手指轻压盖玻片，再用铅笔的橡皮头或解剖针柄垂直轻敲，或进一步用拇指在盖玻片上适当用力压片（注意，不能让盖玻片滑动），唾腺染色体即被压展开来。

6. 观察

将压好的玻片置于显微镜低倍镜下，找到分散好的标本，将标本移至视野中心，然后转到高倍镜下观察。可以看到 4 对染色体：第Ⅰ对染色体（X染色体）组成一个长条；第Ⅱ对和第Ⅲ对各自组成了具有左右两臂的染色体对，它们都以中部的着丝区为中心聚集；而第Ⅳ对染色体很小，在着丝区呈点状或盘状分布。这样，从压好的较为平整的片子中便可看到 5 条弯曲展开的染色体臂（X、ⅡL、ⅡR、ⅢL、ⅢR）和一个点状的第Ⅳ对染色体，它们在着丝区构成染色中心并向四周伸开。

仔细观察染色体的横纹数量、形状和排列顺序，以便对照模式照片辨认出不同的染色体臂（图 5.6）。

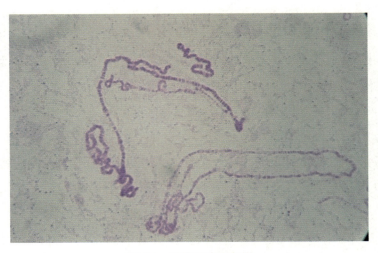

图 5.6　果蝇唾腺染色体

7. 永久装片的制作

（1）使盖玻片向下，将玻片放入盛有 45% 的醋酸和 95% 的酒精（醋酸和酒精的体积比为 1 : 1）的培养皿中。在载玻片一端垫上一玻璃棒，使之稍为倾斜。过 5 ~ 10 min，可见盖玻片与载玻片分离。用镊子轻轻取出盖玻片置于吸水纸上。

（2）使有材料的一面向上，将盖玻片放入盛有 95% 的酒精和叔丁醇（酒精和叔丁醇的体积比为 1 ∶ 1）的培养皿中 3 min。

（3）将载玻片放入纯叔丁醇中 3 min。

（4）用中性树胶封片。

六、实验注意事项

（1）实验前预习，了解果蝇唾腺的形态特征，以便于实验时快速找到唾腺。

（2）实验取材时期要正确，避免使用果蝇的蛹。

（3）用吸水纸吸去生理盐水时应注意避免粘到唾腺。

（4）制片时应注意手法，便于后期观察。

七、实验作业和思考题

（1）绘制显微镜下所看到的果蝇唾腺染色体图，标明实际标本在观察中所能分辨的典型部位。

（2）每人制备 1 张染色体分散、横纹清晰的临时装片。

（3）什么是染色中心？

（4）根据你所学的知识，联会（synapsis）应出现在什么类型的细胞中？

（5）利用果蝇唾腺染色体可以进行哪些遗传学研究？

实验 6

人类X染色质小体的观察

一、实验目的

（1）通过实验初步掌握观察与鉴别人类X染色质小体的简易方法。

（2）识别人类X染色质小体的形态特征及所在部位。

（3）鉴定个体的性别，为进一步研究人体染色体畸变与疾病的关系提供基础方法，为遗传病临床诊断提供参考。

二、实验原理

1949年Barr等发现，在雌猫的神经细胞核内有一个凝缩的深染小体，在雄猫的细胞中则没有。后来了解，在雌性的细胞中的两条X染色体中的一条（或这条的大部分）在间期时处于不活动的凝缩状态，从而形成了这种X染色质小体［或称巴氏（Barr）小体］。所有哺乳类雌性体细胞中都有一条这种表现的X染色体。在个别的雌性或雄性体细胞中，有多于两条X染色体时，在间期细胞内除一条外，其余都形成X染色质小体。

人类正常的男、女体细胞中，分别有XY和XX性染色体。女性体细胞两条X染色体中的一条在间期时也不表现活性而保持凝缩状态，易于用适当的染料加以显示，成为便于观察的性染色质体。

三、实验材料

人口腔颊部黏膜细胞、毛发。

四、实验器具和药品试剂

1. 实验器具

显微镜、酒精灯、载玻片、盖玻片、牙签、吸水纸。

2. 药品试剂

95%的酒精、冰醋酸、50%的冰醋酸、45%的冰醋酸、70%的乳酸水溶液、地衣红。

3. 试剂制备

1%的乳酸醋酸地衣红染液制备及使用方法如下。

先制备2%的醋酸地衣红：取45 mL冰醋酸置于250 mL的三角瓶中，瓶口加一棉塞，用酒精灯加热至微沸，缓慢加入2 g地衣红使其溶解，待冷却后加入55 ml蒸馏水，振荡5 ~ 10 min，过滤到棕色试剂瓶中备用。或在三角瓶中加入100 ml 45%的冰醋酸，用酒精灯加热至沸，慢慢溶入2 g地衣红，继续回流煮沸1 h，之后过滤备用。

再制备1%的乳酸醋酸地衣红染液：临用前，取等量的2%的醋酸地衣红与70%的乳酸水溶液混合，过滤后使用。

五、实验步骤

1. 口腔颊部黏膜细胞的观察

让受检者用水漱口数次，尽可能除去口中细菌及杂物。用清洁灭菌的牙签或适当的刮片，从女性口腔两侧颊部原位刮取上皮黏膜细胞2 ~ 3次。弃去第一次的刮取物，将第二次、第三次的刮取物分别涂抹在干净载玻片上。涂抹范围为1 ~ 2张盖片大小。待稍干后，滴加1 ~ 2滴醋酸洋红染液或乳酸醋酸地衣红染液在室温下染色20 ~ 30 min。染色过程中如果染液干了，要及时补充。染色后加盖玻片，覆以吸水纸，用手轻度加压，之后进行镜检。

2. 毛发根部细胞的观察

拔取一根带有毛根的头发，自基部截取2 cm左右，置于载玻片上。在毛根部加 1 滴乳酸醋酸地衣红染液，片刻后再加 1 滴 50% 的冰醋酸（或只加 50% 的冰醋酸），于低倍镜下观察。待毛根鞘软化后拔去毛干，重新加 1 滴染液，覆以盖玻片。用酒精灯轻微加热后，静置 6 min，盖 1 片吸水纸，用手指轻度加压，之后镜检。

3. X 染色质小体的辨认

在低倍镜下观察典型的可数细胞：核质呈网状或细颗粒状分布；核膜清晰，核无缺损；染色适度；周围无杂菌。在高倍镜或油镜下进一步观察选定的细胞。

X 染色质小体在形态上表现为一结构致密的染色小体，轮廓清楚，直径 1 μm 左右，常附着于核膜边缘或靠近内侧。其形状有微凸形、三角形、卵形、短棒形（图 6.1）。正常女性口腔黏膜细胞中含有 X 染色质小体的细胞占比为 30% ~ 50%（图 6.2），在不同实验中计数的差别较大，而在男性中偶尔可见不典型者。

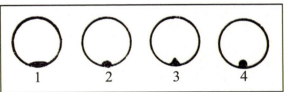

图 6.1　X 染色质小体的形状

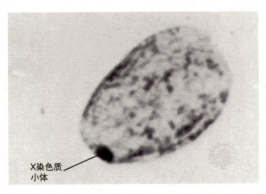

图 6.2　人口腔 X 染色质小体

六、实验注意事项

（1）实验课前应提前准备水杯、牙签、刮片等。

（2）染色过程中应注意不要让载玻片上的染液干掉。

（3）制片时应注意手法，以便于后期观察。

七、实验作业和思考题

（1）观察女性 50 个可数细胞，同时观察男性 50 个可数细胞作为对照，分别计算出含 X 染色质小体细胞的百分比。

（2）观察并选绘 4～5 个典型细胞，并标注出 X 染色质小体的形态部位。

（3）按照"补偿理论"解释 XO 性染色体异常与 XX 性染色体正常个体之间的表型差异。

实 验 7

鱼类染色体组型分析

一、实验目的

（1）掌握染色体制片技术。

（2）了解和认识某一物种染色体组的基本组成和染色体形态特征。

（3）计算染色体组型有关数据。

二、实验原理

各种生物的染色体数目是恒定的。大多数高等动植物是二倍体（diploid），即每一个体细胞含有两组同样的染色体，用 **2n** 表示。其中与性别直接有关的染色体，即性染色体，可以不成对。每个配子带有一组染色体，称为一个染色体组（genome）。两性配子结合后，具有两组染色体，成为二倍体的体细胞。

染色体在复制以后，纵向并列的两个染色单体（chromatids）通过着丝粒（centromere）连在一起。着丝粒在染色体上的位置是固定的，它把染色体分成相等或不等的两臂（arms）。根据着丝粒的位置，染色体可以分成中部着丝粒染色体（metacentrics，m）、亚中部着丝粒染色体（submetacentrics，sm）、亚端部着丝粒染色体（subtelocentrics，st）和端部着丝粒染色体（telocentrics，t）等。有的染色体还含有随体和次缢痕。所有这些染色体的特异性构成一个物种的染色体组型。染色体组型分析是细胞遗传学的基础，在现代物种分类与演化、染色体原位杂交等领域都具有重要的意义。

三、实验说明

（1）染色体组型也称核型（karyotype），是细胞有丝分裂中期的全套染色体图像，按大小、形态成对排列成的系列，具有种的特异性，可代表一个物种的染色体特征。

（2）染色体标本的组织来源、制作方法、分析时所依据的标准及采用的手段不同，同一物种的染色体组型分析结果可能不完全一样。因此，染色体组型分析只是对每一物种染色体特征的基本和粗略的描述。需要测量并处理的数据列举如下。

臂比=长臂长度/短臂长度。

着丝粒指数=短臂长度/该染色体长度。

总染色体长度=该细胞单倍体全部染色体长度（包括性染色体）之和。

染色体相对长度=染色体长度/总染色体长度×100%。

（3）染色体分类和臂数计算的标准如下。

染色体分类一般采用Levan提出的标准，即按臂比（arm ratio）将染色体分为4类（表7.1）。

表7.1　染色体分类

类型	臂比
中部着丝粒染色体	1.00 ～ 1.70
亚中部着丝粒染色体	1.71 ～ 3.00
亚端部着丝粒染色体	3.01 ～ 7.00
端部着丝粒染色体	7.01 ～ ∞

计算染色体长度时，可以包括随体也可以不包括，但均要注明。

染色体臂数的计算有两种标准：一是将中部着丝粒染色体、亚中部着丝粒染色体的臂数计为2，亚端部着丝粒染色体和端部着丝粒染色体的臂数计为1。如此计算的臂数常称为染色体基数或臂数（fundamental number or fundamental arm number，NF）。二是将中部着丝粒染色体、亚中部着丝粒染色体和亚端部着丝粒染色体的臂数计为 2，仅仅把端部着丝粒染色体的臂数计为 1。如此计算的臂数称作染色体臂数（chromosome arm number）。

（4）根据有丝分裂和减数分裂时期的细胞都可以得到染色体组型，只是体细胞和性细胞染色体数目有倍性的差异。分析植物的染色体组型，多选取生长旺盛的根尖、茎尖、花药、愈伤组织等细胞制片。分析动物的染色体组型，除了直接取肾、肝、脊髓、鳃、胚胎、性腺等组织细胞制片以外，还可采用体外培养的细胞制片。

四、实验材料

花鲈（*Lateolabrax japonicus*）鳃细胞染色体制片。

五、实验器具和药品试剂

显微镜、镊子、剪刀、刀片、毫米尺、计算器、铅笔、绘图纸、坐标纸、胶水。

六、实验步骤

（1）在高倍镜下选取 50～100 个分散良好、形态清晰、数目完整的分裂相。计数每个细胞的染色体数目，找出染色体数目的众数，并计算染色体数目为众数的细胞所占百分比，据此确定染色体倍数（2n）。

（2）在油镜下选取 5～10 个染色体组完整、分散良好、长度适当（处于有丝分裂中期）、着丝粒清楚、两条染色体适度分开、形态清晰的染色体分裂相进行显微数码拍照。

（3）在照片上记录染色体形态测量数据。首先确认每条染色体的着丝粒位置，以此为界用毫米尺测量染色体长臂和短臂的长度相关数据，也可用染色体自动分析仪测得。按上述标准对每条染色体进行分类，计算出每条染色体臂比的平均值、相对长度和标准误差，并参考众数，确定该物种染色体的分类。在高倍镜（油镜）下还需注意观察染色体的其他形态特征，如有无异型染色体对、次缢痕、随体等。

（4）将染色体组型数据填入表7.2。

表 7.2　染色体组型分析数据统计表

染色体	长臂相对长度（$\overline{x} \pm SD$）	短臂相对长度（$\overline{x} \pm SD$）	染色体相对长度（$\overline{x} \pm SD$）	臂比	随体有无	分类
1						
2						
3						
4						
5						
6						
7						
8						
9						
10						
11						
12						
13						

续表

染色体	长臂相对长度 （$\overline{x} \pm$SD）	短臂相对长度 （$\overline{x} \pm$SD）	染色体相对长度 （$\overline{x} \pm$SD）	臂比	随体 有无	分类
14						
15						
16						
17						
18						
19						
20						
21						
22						
23						
24						
25						
26						
27						

染色体	长臂相对长度 （$\overline{x} \pm \mathrm{SD}$）	短臂相对长度 （$\overline{x} \pm \mathrm{SD}$）	染色体相 对长度 （$\overline{x} \pm \mathrm{SD}$）	臂比	随体 有无	分类
28						
29						
30						
31						
32						
33						
34						
35						
36						
37						
38						
39						
40						
41						

续表

染色体	长臂相对长度 ($\overline{x} \pm SD$)	短臂相对长度 ($\overline{x} \pm SD$)	染色体相 对长度 ($\overline{x} \pm SD$)	臂比	随体 有无	分类
42						
43						
44						
45						
46						
47						
48						

注:(　　)将随体长度计算在内。(括号中填"已"或"未"。)

（5）选取其中形态最好、最有代表性的一个分裂相照片，剪下各单个的染色体，按表型特征将全部染色体配同源对（或同源组）。配对的根据是随体的有无及大小、臂比是否相等、染色体长度是否相等。

（6）将染色体全部的同源对（或同源组）按以下规则整齐排列：① 全部着丝点处于同一水平线上。② 短臂朝上，长臂朝下；③ 按染色体长度降序从左到右依次排列（等长的染色体，短臂长者排在前）。④ 具随体染色体、性染色体排在最后。若有 2 对以上染色体具随体，则大随体染色体在前，小随体染色体在后。

（7）将排好的染色体对（组）按先后顺序粘贴在绘图纸上，编上序号。翻拍定型，使其成为终定的染色体组型照片。

（8）在坐标纸或绘图纸上绘出染色体模式图。

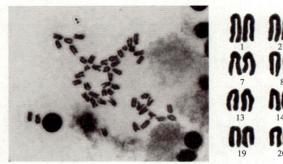

图 7.1　花鲈染色体中期分裂相及染色体组型（引自王晓艳等，2018）

七、实验注意事项

（1）应选择染色体组完整、分散良好、长度适当、着丝粒清楚的细胞。

（2）应将染色体按长度降序粘贴在绘图纸上。

（3）测量染色体臂长时应注意是否将随体长度计算在内。

八、实验作业和思考题

（1）什么是染色体组型？染色体组型主要包括哪些内容？

（2）你认为某物种染色体组型分析的关键是什么？

（3）提交花鲈染色体组型分析结果——染色体组型分析数据统计表、染色体组型图。

九、参考图

参考图见图 7.2。

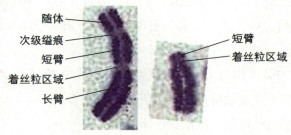

随体

次级缢痕

短臂

着丝粒区域

长臂

短臂

着丝粒区域

图 7.2　染色体模式图

链孢霉的分离和交换

一、实验目的

（1）了解链孢霉的生活周期与遗传特征。

（2）通过链孢霉性状遗传的杂交实验，观察分析子囊孢子的分离和交换现象。

（3）了解着丝粒作图的原理和方法。

二、实验原理

1. 链孢霉的生活史

链孢霉又称红色面包霉，属真菌门子囊菌纲，其营养体由单倍体（$n=7$）多细胞菌丝体和分生孢子组成。

生活史包括无性和有性两个世代（图 8.1）。

无性世代：菌丝有丝分裂，发育成菌丝体；或分生孢子发芽，形成新的菌丝体。

有性世代：两种不同生理类型（接合型）的菌丝融合或异型核结合，形成二倍体的合子。合子减数分裂，产生 4 个单倍体的核，称为四分孢子。四分孢子经一次有丝分裂形成 8 个子囊孢子，并以 4 对"双生"，呈线性排列在子囊中。

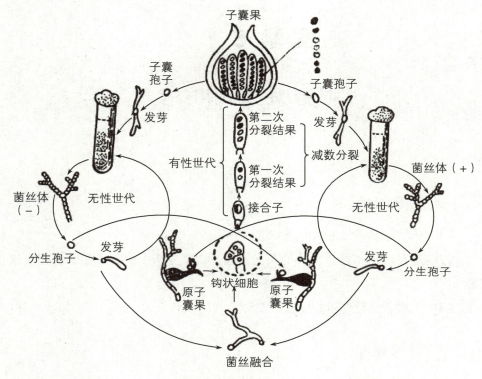

图 8.1　链孢霉的生活史

2. 四分子分析

在基本培养基上补加赖氨酸（Lys），链孢霉的赖氨酸缺陷型菌株（Lys⁻）才能生长，且生长缓慢迟熟，产生的子囊孢子呈灰色（–）。

野生型菌株（Lys⁺）在基本培养基上可正常生长，产生的子囊孢子呈黑色（+）。

根据黑色子囊孢子与灰色子囊孢子的比例或基本培养基上萌发孢子与不萌发孢子的比例是否为 1∶1 可验证分离定律（图 8.2、图 8.3）。

3. 着丝粒作图

着丝粒作图指把着丝粒作为一个基因座位（相当于一个基因），计算某一基因与着丝粒之间的距离，并在染色体上进行基因定位。

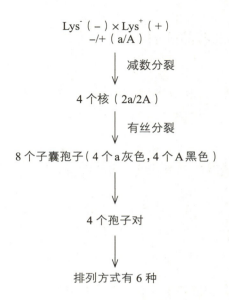

$$Lys^-\ (\ -\ )\times Lys^+\ (\ +\ )$$
$$-/+\ (\ a/A\ )$$

减数分裂

4 个核（2a/2A）

有丝分裂

8 个子囊孢子（4 个 a 灰色，4 个 A 黑色）

4 个孢子对

排列方式有 6 种

图 8.2　链孢霉 Lys 缺陷型（孢子灰色）与野生型杂交（孢子黑色）

非交换类型 2 种：＋＋＋＋－－－－；－－－－＋＋＋＋。

交换类型 4 种：＋＋－－＋＋－－；－－＋＋－－＋＋；－－＋＋＋＋－－；＋＋－－－－＋＋。

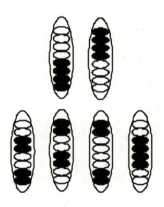

图 8.3　链孢霉的四分子分析

三、实验器具及药品试剂

1. 实验器具

显微镜、恒温箱、高压灭菌锅、酒精灯、三角烧瓶、试管、培养皿、载玻片、镊子、接种针、解剖针、滤纸、超净工作台。

2. 药品试剂

0.05 g/mL 的次氯酸钠溶液、马铃薯培养基、培养赖氨酸缺陷型菌株的培养基和杂交用培养。

四、实验步骤

1. 菌种活化

实验前 5 ~ 7 d，把冰箱中保存的野生型和赖氨酸缺陷型菌株取出，进行活化。在无菌条件下，用接种环挑取少量两种菌株的分生孢子或菌丝体，分别接种在马铃薯培养基和培养赖氨酸缺陷型菌株的培养基上，置于 28℃恒温箱中培养 5 d 左右。长好的菌株菌丝上部可见红粉状孢子。

2. 接种杂交

在无菌条件下（或用酒精灯火焰封口法），用接种环挑取少许野生型和赖氨酸缺陷型菌株的菌丝，接种在同一试管的杂交用培养基上，贴上标签，28℃培养约 2 周，直至子囊成熟。一般当子囊果呈棕黑色时即可进行观察分析。观察时期要掌握适当。如偏早，虽有子囊，但子囊孢子尚未成熟，都呈白色。如过迟，则子囊孢子全为黑色，给交换型和非交换型的分类带来困难。

3. 收集子囊果

在长有棕黑色子囊果的试管中加少量无菌水，摇动片刻，倒入空三角烧瓶中，加热煮沸 5 min，以防子囊孢子飞扬。

4. 镜检

取一载玻片，在其上滴加 1 ~ 2 滴 0.05 g/mL 的次氯酸钠溶液。用解剖针将子囊果挑出放到载玻片上（若子囊果上附着的分生孢子过多，可先在 0.05 g/mL 次氯酸钠溶液中洗涤，再移到载玻片上），用镊子柄平压或盖上另一载玻片后用手指压片，压开子囊果，使子囊充分压散而未破裂。在低倍镜（10×）下观察子囊中子囊孢子的排列情况。如子囊像香蕉串，可加 1 滴水，用解剖针把子囊拨开。

此过程无须无菌操作，注意不能使分生孢子散出。

观察过的载玻片、用过的镊子和解剖针等物都需放入体积分数为 5% 的苯酚溶液中浸泡后取出洗净，以防止污染实验室。

5. 数据统计及结果处理

在显微镜下观察子囊孢子在子囊中的排列顺序，将结果记入表 8.1。

表 8.1　子囊孢子在子囊中的排列顺序

子囊类型		子囊数
非交换型	（1）＋＋＋＋－－－－	
	（2）－－－－＋＋＋＋	
交换型	（3）＋＋－－＋＋－－	
	（4）－－＋＋－－＋＋	
	（5）－－＋＋＋＋－－	
	（6）＋＋－－－－＋＋	
合计		
其他类型		

根据记录好的数据，计算基因与着丝粒间的重组值（式 8.1）。

基因与着丝粒间重组值＝

$$\frac{交换型子囊数}{子囊总数（交换型＋非交换型）} \times 100\% \times 0.5 \qquad （式 8.1）$$

五、实验注意事项

（1）实验用过的接种针要过火灭菌。

（2）镊子放入 0.05 g/mL 的次氯酸钠溶液中浸泡 5 min 后洗净。

（3）用过的载玻片及玻璃器皿用质量分数为 5% 的苯酚溶液浸泡后取出，冲洗擦干。

（4）不要的菌株和菌液须煮沸 5 min 方可倒去。

六、实验作业和思考题

（1）每组接种杂交一试管，待子囊果成熟后进行观察，按不同的子囊类型计数，填入表 8.1，并计算基因与着丝粒间的重组值。

（2）分析链孢霉的子囊孢子分离和交换现象与高等植物的性状分离和交换的不同。本实验结果说明了什么？

海水鱼类配子及胚胎的超低温冷冻保存

一、实验目的

（1）通过实验掌握鱼类精子的超低温冷冻保存方法。

（2）了解影响鱼类精子超低温冷冻保存效果的关键因素，探究最适宜的超低温冷冻保存方法。

二、实验原理

超低温冷冻保存技术是利用超低温（−196℃）对细胞、组织、器官、胚胎、生物个体等进行的一种长期保存方法。对鱼类配子以及胚胎进行超低温冷冻保存，是对鱼类种质资源进行保护的一种切实可行的途径。

在超低温条件下，被冻存的生物体的细胞本身的新陈代谢和分化等功能被抑制而处于停滞状态，能够降低细胞的能量消耗，生物体处于一种静止或"假死"状态。如果生物体的机体结构完好，那么生物体就会以一种静态的形式被长时间保存下来。但由于细胞对于低温的耐受性是有限的，降温、冷冻、保存和解冻等一系列过程都会对细胞造成不同程度的损伤。通过进行冻前抗冻剂处理、冷冻降温处理和解冻复温处理等，最大限度地降低损伤，理论上可以在适宜的温度下让细胞恢复活力。

鱼类卵子和胚胎体积大、卵黄含量高、具双层质膜等限制因素加大了鱼类卵子和胚胎低温保存的难度。而鱼类精子小而活泼，大小为 30～35 μm，进行超低温冷冻保存易于取得更好的效果。因此，本实验仅对鱼类精子进行超低温冷冻保存。

三、实验材料

花鲈（*Lateolabrax japonicus*）。

四、实验器具和药品试剂

1. 实验器具

显微镜、载玻片、冻存管、液氮罐、移液器、吸水纸、滤纸、标签、铅笔等。

2. 药品试剂

MS-222 溶液（麻醉剂）、5 种稀释液、二甲基亚砜（DMSO）。

3. 试剂制备

5 种稀释液成分见表 9.1。

表 9.1　5 种稀释液成分

成分	I	II		III	IV	V
		A 液	B 液			
氯化钠	0.78 g	9.6 g			80 mmol/L	0.75 g
氯化钾	0.02 g	0.48 g		0.05 g	50 mmol/L	0.03 g
氯化钙	0.021 g	0.168 g		0.21 g	5 mmol/L	
碳酸氢钠	0.2 g		0.42 g	0.21 g	50 mmol/L	0.04 g
一水硫酸镁		0.274 g				
一水磷酸氢镁			0.208 g			
磷酸二氢钾			0.072 g			
葡萄糖			1.20 g	2.90 g		0.30 g
氯化镁					2 mmol/L	
纯水	100 mL	60 mL	60 mL	100 mL		100 mL

五、实验步骤

1. 精液获取与活力测定

选取健康状况良好的雄鱼，使用 30 mg/L MS-222 溶液进行麻醉。用毛巾擦干鱼体的水分后挤压腹部采集精液。每 5 μL 精液为一份，同 10 μL 纯水在载玻片上混匀，用显微镜观察精子活力。精子活力（%）= 呈直线运动的精子数/精子总数 × 100%。收集活力超过 90% 的精液样本。

2. 精液稀释液筛选

DMSO 具有快速渗透细胞膜的作用，被证实是多种鱼类精子良好的冷冻保护剂。

为筛选花鲈精子超低温冷冻保存的最佳稀释液，分别将 5 种稀释液与精液以体积比 2：1 的比例混合，然后加入 DMSO（最终体积分数为 5%）作为抗冻剂（重复加样 3 次），置于液氮罐冷冻保存，1 周后检测和比较各稀释液中所保存的精子的活力。冷冻保存、解冻与冻精测定步骤见 "4. 精液冷冻保存与解冻" 部分。

3. 精液抗冻剂优化

为筛选精液超低温冷冻保存的抗冻剂的最优体积分数，将最佳稀释液与精液以体积比 2：1 的比例混合，分为 8 组，分别加入 DMSO，使最终体积分数分别为 2.5%、5%、7.5%、10%、12.5%、15%、17.5% 和 20%，置于液氮罐冷冻保存，1 周后检测和比较精子活力，确定抗冻剂的最优体积分数。冷冻保存、解冻与冻精测定步骤见 "4. 精液冷冻保存与解冻" 部分。

4. 精液冷冻保存与解冻

将稀释液与精液以体积比 2：1 的比例混合，加入最优体积分数的 DMSO，混匀后分装于冻存管（每管 1 mL），进行超低温冷冻。冷冻采用三步冷冻法：冻存管首先在液氮面上方 6 cm 处静置 10 min，然后在液氮面上静置 5 min，最后投入液氮中冷冻保存。

解冻与冻精质量的测定：打开液氮罐，将保存的精子从液氮中取出，于液氮口处静置 5 min 后，在 37 ℃水浴中快速解冻。融化后，立即取 5 μL 精液，用纯水激活，在显微镜下观察精子活力。

六、实验注意事项

（1）麻醉实验用鱼时应注意手法。

（2）注意三步冷冻法的步骤。

（3）观察精子时操作应迅速。

七、实验作业和思考题

（1）绘制观察到的精子图。

（2）稀释液、防冻液在超低温冷冻保存过程中具有怎样的作用？

实 验 10

鱼类雌核发育的人工诱导及鉴定

一、实验目的

（1）通过实验掌握人工诱导鱼类雌核发育过程中的关键技术。

（2）掌握雌核发育的原理以及后代的鉴定方法。

二、实验原理

1. 雌核发育

与杂合生殖等生殖方式不同，雌核发育（gynogenesis）是指仅依赖近缘精子激活，但并未发生雌、雄性原核的融合或配子配合现象的一种鱼类单性生殖方式，其后代不具父本性状，仅具有母本性状。人工诱导雌核发育成为水产动物遗传育种中的一项重要技术。对精子进行处理使其遗传物质失活，再用遗传物质失活的精子诱导卵子发育，随后诱导被激活卵子染色体组的二倍化，从而实现两性生殖物种的雌核发育。

2. 人工诱导雌核发育技术

采用紫外线照射法使精子遗传物质失活。紫外照射可以破坏精子头部的结构，但并不改变精子内部细胞质的组成和蛋白质的功能。这样的精子仍保持活动能力，能激发卵子发育。但这样发育出来的胚胎都具有单倍体综合征，最为典型的特征是躯体弯曲，特别是尾部粗短、弯曲，同时围心腔扩大，血液循环不全等，发育至原肠期或孵化前后就会死亡。

因此人工诱导雌核发育的关键在于卵子雌核染色体二倍化操作。人工诱导雌核发育单倍体染色体组的二倍化可在两个不同的时期进行（图10.1）。一是在减数分裂Ⅱ期时通过抑制第二极体的排放实现二倍化操作，称为减数分裂雌核发育。次级卵母细胞在减数分裂Ⅰ期时同源染色体之间会发生联会配对，因此减数分裂雌核发育又称作异质雌核发育。二是在卵细胞第一次有丝分裂中期通过抑制有丝分裂进行二倍化操作，称为有丝分裂雌核发育，又叫作同质雌核发育。温度休克法是二倍体化最简便、最有效和最常用的方法，因此本实验采用冷休克方法抑制第二极体的排放，诱导二倍体形成。

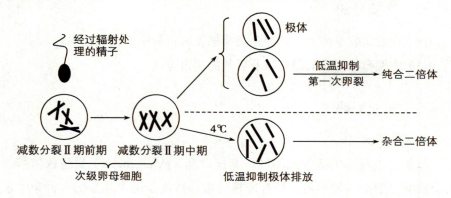

图 10.1　人工诱导雌核发育二倍体形成的机制

3. 雌核发育后代鉴定

在雌核发育实验中，会产生一些非真正雌核发育的后代。由于二倍化处理并不能确保所有被激活的卵都完成染色体组二倍化，所以会出现一些单倍体或非整倍体。单倍体由于出现单倍体综合征而无法发育成具有生存能力的仔鱼。另外，紫外照射处理并不能确保所有的精子遗传物质均失活，总有少量的精子遗传物质保持正常活性。这样的精子就可能会与激活的卵子形成正常的杂交二倍体后代。因此，必须对实验获得的二倍体仔鱼加以鉴别，找出真正的雌核发育二倍体后裔。

由于雌核发育后代的基因组完全来自母本，因此可以通过母本特有的标记来鉴定雌核发育后代的遗传本质。微卫星标记法具有高多态性和共显性等特点，是鉴别出真正的雌核发育后代的有效方法。

三、实验材料

牙鲆（*Paralichthys olivaceus*，2n=48）的性腺。

四、实验器具和药品试剂

1. 实验器具

PCR仪、离心机、琼脂糖凝胶电泳仪、紫外分光光度计、超净工作台、显微镜、电子天平、液氮罐、离心管、移液器等。

2. 药品试剂

Tris-盐酸、氯化钠、核糖核酸酶（RNase）、95%的酒精、蛋白酶K、dNTPs、纯水、琼脂糖、Tris-饱和酚、冰醋酸、乙酸钠、乙二胺四乙酸（EDTA）等。

3. 主要试剂制备

RNase：将RNase溶解于含有10 mmol/L的Tris-盐酸（pH 7.5）、15 mmol/L的氯化钠的溶液至终浓度为10 mg/mL，100℃加热15 min，-20℃保存。

DNA抽提缓冲液：含有0.1 mol/L的Tris-盐酸（pH 8.0）、0.05 mol/L的EDTA（pH 8.0）。

五、实验步骤

1. 获得人工诱导雌核发育牙鲆

轻挤亲鱼腹部取得精子和卵子后，对一部分精子进行紫外照射（15W×2，波长254 nm，照射剂量：1 500 J/m^2）以灭活其遗传物质。使用经过紫外照射的精子进行人工授精。受精后5 min后，在0℃～2℃下，对50%的受精卵进行冷休克诱导（处理时间45 min），获得雌核发育二倍体牙鲆。其余受精卵不进行处理，获得雌核发育单倍体牙鲆。同时使用正常精子进行授精，获得正常二倍体牙鲆。

2. 牙鲆样品采集

轻挤亲鱼腹部获得精子和卵子，取出0.5 mL精液和0.5 mL未受精的卵子，分别置于 1.5 mL 的离心管中，放到液氮中保存。

雌核发育二倍体组、雌核发育单倍体对照组和正常二倍体对照组的初孵仔鱼样品（受精后约 96 h）则直接置于盛有无水乙醇的离心管中保存。

3. 亲本基因组 DNA、初孵仔鱼基因组 DNA 提取

亲本精、卵 DNA 的提取采用标准的酚仿抽提法。初孵仔鱼 DNA 的提取操作如下：取一尾初孵仔鱼置于离心管中，待其中乙醇挥发完毕后，加入 30 μL 消化液，55℃消化至溶液澄清，用等体积的 Tris–饱和酚和氯仿混合液（二者体积比为 1：1）抽提一次。取上清液，加入 1/5 体积的 3 mol/L 的乙酸钠溶液和 2 倍体积的无水乙醇沉淀 DNA。离心，弃上清液。所得 DNA 室温干燥后，用 30 μL 纯水溶解。雌核发育二倍体组、雌核发育单倍体对照组和正常二倍体对照组各取 3 尾初孵仔鱼性腺提取 DNA。

4. 微卫星鉴定雌核发育牙鲆

参照 GenBank 中牙鲆的微卫星相关序列，利用 Primer Premier 5.0 设计引物，进行 PCR。产物经 12% 非变性聚丙烯酰胺凝胶电泳检测。将电泳谱带中的每一条片段作为该座位的一个等位基因来处理，在每个个体中仅出现一条带的即为纯合子，出现两条带的即为杂合子。

六、实验注意事项

（1）亲鱼精子和卵子取出后应置于液氮中保存。

（2）应待样本乙醇挥发完后再进行 DNA 提取操作。

（3）PCR 过程中应尽量规范操作，避免污染。

七、实验作业和思考题

（1）提交雌核发育单倍体牙鲆及正常二倍体牙鲆染色体照片各 1 张，并统计染色体数目。

（2）分别统计正常二倍体牙鲆及雌核发育单倍体牙鲆的受精率和孵化率。

（3）精子失活原理是什么？为什么精子经紫外照射之后不能立即见光？

第三部分

综合型实验

实 验 11

鱼类外周血淋巴细胞短期培养及染色体制备技术

一、实验目的

（1）掌握鱼类微量血液体外短期培养原理和技术。

（2）掌握利用培养细胞制备染色体标本的方法，了解染色体制备常用试剂及其作用。

二、实验原理

染色体较小、数目较多是研究鱼类染色体时常见的两个困难。采用常规的方法，如固定切片及压片，很难得到高质量的染色体标本。随着技术的发展，涌现出许多能够提高鱼类染色体标本质量的方法，如低渗处理、空气干燥及细胞培养技术等。

外周血是制备动物染色体标本的重要材料。外周血中的小淋巴细胞几乎都处于G1 期或G0 期，几乎没有分裂相细胞。通常情况下，将植物凝血素（phytohemagglutinin，PHA）加入培养液中，可以刺激外周血中的淋巴细胞转化为淋巴母细胞，即可得到处于有丝分裂阶段的细胞。短期培养外周血，采用秋水仙素处理、低渗和固定操作，可获得大量的有丝分裂中期相细胞。鱼类细胞的培养技术及培养细胞的染色体标本制备技术的改进与完善，促进了鱼类精确核型和带型分析的发展。

三、实验材料

花鲈（*Lateolabrax japonicus*）。

四、实验器具及药品试剂

1. 实验器具

2 mL和1 mL灭菌注射器、移液器、离心管、吸管、试管架、量筒、培养瓶、容量瓶、玻璃棒、磁力搅拌器、试剂瓶、酒精灯、烧杯、载玻片、切片盒、天平、离心机、恒温培养箱、显微镜、数码成像系统、pH计、蔡氏滤器、0.45 μm和0.22 μm微孔滤膜、超净工作台、解剖剪、镊子、封口膜等。

2. 药品试剂

（1）RPMI 1640培养基配制如下。

溶解：取配培养液专用的1 000 mL广口瓶，加入新鲜的灭菌超纯水（制备时间在3 d内）800 mL、10.5 g RPMI 1640干粉培养基和3.0 g羟乙基哌嗪乙烷磺酸（HEPES），轻轻振摇，使之分散溶解。如溶解困难，可用干冰或二氧化碳气体处理。当pH降至6.0时，培养基可溶解至透明。注意，不应加热促溶。

培养液pH调整：精确称取2 g碳酸氢钠，使之溶解于150 mL新鲜的灭菌超纯水中。将获得的溶液与溶解的RPMI 1640培养基混合。用5 mL移液器（吸头需高压灭菌，下同）取小样测培养液的pH。用已过滤除菌的1 mol/L氢氧化钠溶液或1 mol/L盐酸调节pH至7.1 ± 0.1。注意缓慢滴加，边滴加边振摇。用灭菌超纯水补足体积至1 000 mL。

过滤除菌：立即用1 000 mL一次性滤器（0.45 μm和0.22 μm微孔滤膜）正压过滤除菌，分装到250 mL瓶中。注意，瓶中培养液体积不要超过瓶容积的2/3。

质量控制：用5 mL移液器取小样，测培养液的pH、电导率、渗透浓度（渗透浓度应为290 mol/L ± 3 mol/L，否则应予调整）并记录。用5 mL移液器取小样测培养液内毒素含量并记录。用5 mL移液器取小样到15 mL离心管中，放入二氧化碳培养箱中培养 72 h，检测有无细菌污染。

标识与贮存：用记号笔在瓶壁上标明培养基名称、批号、配制日期、操作者姓名。液体培养基贮存于 4℃ 冰箱，避光保存，实验前放于 37℃ 水浴锅中温热。加血清后的液体培养基存放期为 6 个月，期间 RPMI 1640 培养基中的谷氨酰胺可能会分解。贮存时间较长的培养液，使用时每 100 mL 可加入 1 mL 200 mmol/L 谷氨酰胺溶液。

（2）谷氨酰胺溶液（200 mmol/L）：将 2.922 g 谷氨酰胺溶于灭菌超纯水中，定容至 100 mL，即配成 200 mmol/L 的溶液。溶液充分搅拌溶解后，过滤除菌，分装于小瓶，于 −20℃ 保存。

（3）小牛血清（或胎牛血清）：一般厂商提供的血清均无菌，不需要再过滤除菌。若发现血清中有许多悬浮物，则可将血清加入培养基后一起过滤。勿直接过滤血清。血清应贮存于 −70℃ ~ −20℃。若存放于 4℃，存放时间勿超过 1 个月。如果一次无法用完 1 瓶，可将血清分装于无菌 50 mL 离心管中，每管 40 ~ 45 mL。分装的具体操作如下：将血清从 −70℃ ~ −20℃ 拿出，放至 4℃ 冰箱溶解 1 d，之后转至室温，待其完全溶解后再分装。在溶解过程中须规则摇晃均匀（小心勿产生气泡），使温度与成分均一，减少沉淀的产生。血清避免反复冻融。

（4）肝素：称取市售肝素冻干粉，加入鱼用生理盐水 20 mL，配成 500 U/ mL 的溶液，高压灭菌 15 min，分装至小瓶，于 4℃ 避光保存。

（5）100 × 秋水仙素浓缩液（0.1 mg/ mL）：称取秋水仙素 1 mg，溶解于 10 mL 鱼用生理盐水中，所得秋水仙素浓缩液用一次性滤器过滤除菌，于 4℃ 保存。使用时，每 100 mL 培养基加入 1 mL 秋水仙素浓缩液，使终浓度为 1 μg/mL。

（6）1 000 × PHA 浓缩液（0.5 mg/mL）：称取 PHA 5 mg，溶解于 10 mL 生理盐水中。所得 PHA 浓缩液用一次性滤器除菌过滤，分装后于 4℃ 保存。使用时，每 100 mL 培养基加入 100 μL PHA 浓缩液，使终浓度为 0.5 μg/mL。

（7）青霉素（以每瓶 40 万 U 为例）：以 4 mL 生理盐水（或培养基）稀释，

则每毫升含 10 万 U。取 1 mL 稀释液（含 10 万 U）加入 1 000 mL 培养基中，则青霉素最终浓度为 100 U/ mL。

（8）链霉素（以每瓶 50 万 U 为例）：以 2 mL 生理盐水（或培养基）稀释，则每 1 mL 含 25 万 U。取 0.4 mL 加入 1 000 mL 培养基中，则每毫升含链霉素 100 U（即 100 μg）。

（9）吉姆萨（Giemsa）染液。

（10）5% 碳酸氢钠溶液：称取 5 g 碳酸氢钠，加 95 mL 灭菌超纯水溶解，定容至 100 mL，高压灭菌。

（11）淡水鱼用生理盐水：氯化钠 7.5 g、氯化钾 0.2 g、碳酸氢钠 0.2 g、氯化钙 0.2 g，用灭菌超纯水定容至 1 L，高压灭菌。

（12）0.1 mol/L 磷酸缓冲液（pH 7.4）：称取十二水磷酸氢二钠 28.8 g、磷酸二氢钾（无水）2.67 g，溶解于 1 000 mL 灭菌超纯水中。

（13）卡诺氏固定液：量取甲醇和冰醋酸，将两种溶液按体积比 3 ∶ 1 的比例混合。

（14）0.075 mol/L 的氯化钾溶液：将 0.56 g 氯化钾溶于纯水中，定容至 100 mL。

五、实验步骤

1. 培养基的配制和分装

在无菌室的超净工作台上，按无菌操作要求，按比例加入下列试剂，配制血细胞培养基。

各种试剂所需体积和终浓度如下。

RPMI 1640 培养基 80 mL，终浓度为 80%。

小牛血清（或胎牛血清）13.9 mL，终浓度为 13.9%。

1 000×PHA 浓缩液 100 μL，终浓度为 0.5 μg/ mL。

肝素 4 mL，终浓度为 20 U/mL。

青霉素 1 mL，终浓度为 100 U/mL。

链霉素 1 mL，终浓度为 100 U/mL。

血细胞培养基总体积 100 mL。

最后，用 5%碳酸氢钠溶液调整 pH 为 7.0 ～ 7.2。将配好的培养基分装于一次性细胞培养瓶中，每瓶 5 mL。

2. 采血和接种

（1）注射器的肝素化：用 1 mL 灭菌注射器吸取 50 ～ 100 μL 肝素溶液（500 U/ mL），转动注射器湿润管壁。

（2）采血：有尾动脉采血和心脏采血两种方法。尾动脉采血：用 75%酒精给鱼的表皮消毒。取 0.2 mL 500 U/mL 肝素于一次性注射器中，在侧线处采血 0.5 ～ 1.0 mL。心脏采血：剪开鱼的胸腔，将注射器刺入鱼的心室中，取血 0.5 ～ 1.0 mL。

（3）接种：去掉注射器针头，排掉最初的 1 ～ 2 滴血液，每 3.5 mL 全培养基中加入 0.2 mL 全血（10 ～ 12 滴），盖好盖子，并用封口膜封好。

（4）培养：接种好的培养瓶，置于 29℃ ±0.5℃恒温箱中培养 66 ～ 72 h。每 24 h 轻轻摇晃一次培养瓶，使细胞充分获得营养。

（5）秋水仙素处理：培养终止前，在培养物中加入 0.1 mg/mL 的秋水仙素 50 μL，使其最终浓度为 1 μg/mL。将培养物置于恒温箱中继续培养 2 ～ 6 h。

（6）低渗处理：秋水仙素处理后，小心地从温箱取出培养瓶，吸去培养液，加入在 29℃ ±0.5℃下预先温育的低渗液 5 mL。用滴管轻轻冲打成细胞悬液。将细胞悬液装入离心管中，置于 29℃ ±0.5℃温箱内低渗处理 20 min。

（7）离心：以 1 000 r/min 的转速离心 5 min。弃去上清液，保留细胞沉淀。

（8）固定：在每只离心管中小心加入新鲜的卡诺氏固定液（甲醇∶冰醋酸＝ 3∶1）2 ～ 4 mL，吹打均匀。将离心管依次置于 37℃水浴、室温（28℃左右）下低渗处理 15 min。以 1 000 r/min 的转速离心 5 ～ 10 min。

（9）再固定：留少许上清液，轻轻冲打混匀后，加入新配制的卡诺氏固定液，4℃下静止固定 15 min。以 1 000 r/min 的转速离心 5 min。重复固定 2 次，2 次固定均在室温下进行。固定后的细胞样品密封，置于 −20℃可保存数年。标本使用前再用新鲜的卡诺氏固定液洗涤 1 次。

（10）制片：细胞悬液以 1 000 r/min 的转速离心 5 min，弃上清液，再滴入适量固定液（固定液量根据细胞沉淀量或滴片效果调整）。用滴管小心冲打成细胞悬液。取干净的载玻片，用嘴轻轻吹一口气，使载玻片上有一层薄薄的水雾。在载玻片上滴加 1 ~ 3 滴细胞悬液，斜放，风干或在酒精灯火焰上微微烤干。

（11）染色：用磷酸缓冲液（pH 7.4）稀释吉姆萨染液至终浓度为 4%，将制片放在 4% 吉姆萨染液中染色 20 min，然后倒去染液，用蒸馏水轻轻冲洗掉制片上残余的染液。

（12）镜检：待稍干后，在显微镜下检查制片效果。需长久保存的制片用加拿大树胶封片。在低倍和中倍镜下寻找分散适宜、染色体不重叠、浓缩程度适中、形态清晰的分裂相，在油镜下观察染色体的形态并计数。选择有代表性的分裂相，用数码成像系统进行显微摄影。

（13）核型分析。

六、注意事项

（1）接种的血样越新鲜越好。采集的血样若不能立即培养，应暂存于 4℃ 条件下。尽量在采血后 24 h 内进行培养，避免保存过长时间，影响实验结果。

（2）培养的温度和培养液的 pH 对于培养是否成功非常重要。鱼类为变温脊椎动物，生活范围广泛，从热带至寒带都有分布。因此，鱼类外周血淋巴细胞培养的最适温度不能一概而论，必须具体分析种类，参考其生活环境的温度而定。花鲈细胞可在 15℃ ~ 25℃ 增殖。培养液的最适 pH 为 7.2 ~ 7.4。在含有二氧化碳的气相下培养可用碳酸氢钠溶液调整 pH。密封培养时，用 10 ~ 25 mmol/L HEPES 或磷酸缓冲液维持 pH。

（3）培养过程中，若发现血样凝集，可轻轻振荡培养瓶，使凝块散开，然后继续放回恒温箱内培养。

（4）取血时，抗凝剂使用量过大会导致溶血。肝素常用浓度为 20 U/mL，针管用较高浓度（500 U/mL）肝素湿润。

七、实验作业和思考题

（1）在低倍和中倍镜下，寻找分散适宜、染色体不重叠、浓缩程度适中、形态清晰的分裂相，并在油镜下观察染色体的数目和形态。选择有代表性的分裂相，用数码成像系统进行显微摄影，提交清晰的染色体中期相细胞照片1～2张。

（2）统计处于分裂相的细胞数、细胞总数和红细胞数，并计算有丝分裂指数（mitotic index，MI）：MI=有丝分裂细胞数/（总细胞数−红细胞数）。

（3）在外周血培养及染色体制片过程中，加入PHA、秋水仙素和氯化钾溶液的作用是什么？

（4）应用细胞培养技术制备染色体的优点有哪些？

实 验 12

牡蛎染色体带型分析

一、实验目的

（1）掌握贝类染色体带型制备的方法。

（2）了解海产生物染色体带型分析的过程。

二、实验原理

核型以及染色体带型和形态特征都代表种的特征，即在一般情况下，在一个种群的所有个体或在同一个体的所有体细胞中，它们基本上是一致而稳定的。这就为不同动物种群的分类研究和确定其在进化过程中所处的位置提供了重要的依据。

生物细胞中的染色体是遗传物质（基因）的载体。据不完全统计，迄今共有 31 种牡蛎的染色体数目被报道，其中 20 种有核型记录（表 12.1）。从表 12.1 中可清晰地看出大多数牡蛎科种类染色体对数为 20 对，特别是巨蛎属（*Crassostrea*）种类，其染色体均有 20 对，且以中部着丝粒或亚中部着丝粒（m/sm）染色体居多，未发现有异型和具随体的染色体。

表 12.1　中国常见牡蛎染色体数目与核型

种类	2n	核型	染色体数目	参考文献
牡蛎科 Ostreidae				
僧帽牡蛎 Ostrea cucullata	20	12m + 8sm	40	林加涵等，1986
	20	18m + 2sm	40	曾志南等，1995
	20	8m+2sm	40	Ahmed 和 Sparks，1967
密鳞牡蛎 Ostrea denselamellosa	20	7m+3sm	40	Insua 和 Thiriot–Quievreux，1991
长牡蛎 Crassostrea gigas	20	10m	40	Thiriot–Quievreux，1984
	20	10m	40	郑小东等，1999
近江牡蛎 Crassostrea rivularis	20	20m	40	余建贤等，1993
	20	20m	40	沈亦平等，1994
岩牡蛎 Crassostrea nippona	20	20m	40	袁美云等，2008
薄片牡蛎 Dendostrea folium	20	20m	40	赵文溪等，2012

染色体仅从外部形态和内部结构很难区分。因此，高分辨显带技术的应用尤为重要。高分辨显带技术又称带型分析，能显示染色体内部结构，提供更多的具鉴定性特征的信息。带型分析可为染色体鉴别、基因定位、杂交育种、多倍体育种等研究提供重要的理论依据。但是，高分辨显带技术在牡蛎科种类染色体带型分析中的应用较少。

G带、C带和Ag–NOR（N带）能够用来鉴定牡蛎的染色体，在核型基础上提供了更为丰富的染色体的标记信息和形态特征信息，为深入理解牡蛎的进化关系、进行物种分类等提供了帮助。当然，高分辨显带技术在牡蛎染色体研究中还存在不尽如人意的地方。有些物种间染色体带型差异不显著，主要有以下几方面的原因：① 采用成体组织细胞制备染色体，染色体易发生高度收缩而不能产生高分辨的带型；② 带型技术本身重复性低，稳定性较差，这可能与对环境的高敏感度有关；③ 细胞同步性过低大大影响了制备良好染色体分裂相的概率，进而为显带操作带来困难。细胞培养虽然能获得发育同步的细胞系，可以得到较多具一致分裂期的分裂相，但在牡蛎中应用甚少。

三、实验材料

成熟的 2 龄长牡蛎（*Crassostrea gigas*）。

四、实验器具及药品试剂

1. 实验器具

显微镜、离心管（或培养皿）、解剖刀、剪子、镊子、载玻片、盖玻片、吸管、烧杯、加热器、500 目筛绢、300 目筛绢、温度计、恒温水浴锅、染色缸等。

2. 药品试剂

秋水仙素、甲醇、冰醋酸、吉姆萨染液、磷酸缓冲液（PBS 缓冲液；140 mmol/mL 氯化钠，2.6 mmol/mL 氯化钾，4 mmol/mL 磷酸二氢钾，8 mmol/mL 磷酸氢二钠，pH 6.8 ~ 7.0），氯化钾、胰酶、硝酸银、明胶等。

五、实验步骤

1. 染色体制备

（1）取卵：先把成熟的牡蛎外壳洗刷干净，再进行活体解剖。选择成熟的种贝，用滴管刺破性腺，获取精、卵。精、卵先用 300 目筛绢过滤 1 次，再用 500 目筛绢洗去组织液。卵子最好在海水中浸泡 30 min。

（2）受精：把获得的精、卵进行人工授精，使受精卵在水温 22℃ ~ 25℃ 条件下发育。

（3）秋水仙素处理：当胚胎发育至 4 ~ 8 细胞期时，立即用 500 目筛绢网过滤。将胚胎放入用 50% 的海水配制的秋水仙素溶液（秋水仙素终浓度为 0.5 mg/mL）中处理 30 ~ 40 min。

（4）低渗处理：将胚胎移入 25% 的海水或 0.075 mol/L 的氯化钾溶液中，

低渗 30 ~ 45 min。

（5）固定：低渗结束后移入卡诺氏固定液（甲醇：冰醋酸=3 : 1）中固定。固定液需要更换 3 ~ 4 次，每次固定时间 15 min。

（6）使用空气干燥法制片。

（7）镜检：在光学显微镜下选择具有分散好、形态完整的中期染色体的照片用于带型分析。

2. 染色体显带

（1）G带：采用胰酶法（余先觉，1989）。程序如下：选择优良的染色体制片，片龄 3 ~ 5 d。将片子放入浓度为 0.25 mg/mL 的胰酶溶液中处理 1 ~ 2 min，之后立即甩掉片上的胰酶溶液，并用 37℃ 的 PBS 缓冲液冲洗，晾干。用 5% 的吉姆萨染液染色 10 ~ 20 min，再用无离子水冲洗 1 ~ 2 min，晾干后镜检。

（2）Ag-NOR：参照 Howell 和 Black 的快速银染法（余先觉，1989）。程序如下：将 0.5 g/mL 的硝酸银溶液（事先过滤）与 0.02 g/mL 的明胶溶液按体积比 2 : 1 混合后，立即滴加到染色体制片上并覆以盖玻片，在 65℃ 的温箱内处理 10 ~ 20 min。待玻片呈棕黄色时取出，用流水冲洗，晾干后镜检。若染色体着色不够，用 2% 吉姆萨染液复染 1 ~ 2 min 即可。

（3）带型分析。选择 10 个处于分裂中期、染色体分散良好、带型清楚的细胞进行显微摄影，放大，洗印成照片。结合形态，根据带型分清每一对同源染色体。将染色体成对并按长度、着丝点位置等指标排列起来。选择一张清晰而标准的照片，做成 G 带、Ag-NOR 带型图（图 12.1 右）。同时，根据照片分析和显微镜观察确定染色体带的数量、相对位置、颜色深浅、宽窄等特征（表 12.2 和表 12.3），测绘出它们的模式图（图 12.1 左）。

六、实验注意事项

（1）应选择成熟的种贝作为实验材料。

（2）卡诺氏固定液应现用现配。

（3）制片时应注意手法，便于后期观察。

（4）分析带型时应选择分散良好、带型清楚的细胞。

七、实验作业和思考题

（1）提交G带、Ag-NOR带型照片各2～3张。

（2）进行染色体带型结果分析——进行数据统计（表12.2和表12.3），做成核型图，绘制核型模式图。

（3）你在实验过程中有何体会？

表 12.2　长牡蛎各染色体G带分布

染色体编号	深带	灰带	白带	总计
1				
2				
3				
4				
5				
6				
7				
8				
9				
10				
总计				

表 12.3　长牡蛎胚胎细胞染色体的 Ag-NOR 数量

项目	Ag-NOR 数			
	1	2	3	4
细胞数				
百分比 / %				

八、参考图

参考图见图 12.1。

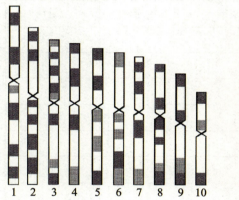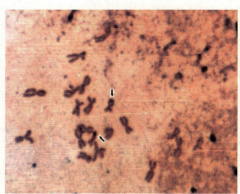

图 12.1　长牡蛎 G 带模式图（左）和 Ag-NOR 带型图（右）

实验 13

鱼类CMA₃/DA/DAPI三重荧光染色及观察

一、实验目的

（1）了解CMA₃/DA/DAPI三重荧光染色的原理及应用。

（2）掌握CMA₃/DA/DAPI三重荧光染色的方法及观察。

二、实验原理

荧光染色技术具有简便、快捷、专一、灵敏度高等优点，在染色体分析等生物学领域广泛应用。DNA结合性染料有两类：第一类是GC-特异性荧光染料，包括色霉素A3（chromomycin A3，CMA₃）、光神霉素（mithramycin）及橄榄霉素（olivomycin）等；第二类是AT-特异性荧光染料，包括喹吖因（quinacrine）、4′,6-二脒基-2-苯基吲哚（4′,6-diamidino-2-phenylindole，DAPI）及柔红霉素（daunorubicin）。

CMA₃受B光（蓝光λ=440 ~ 480 nm）激发能发出明亮荧光，可特异性显示鱼类染色体的核仁组织区（NOR）。

DAPI是一种能够与双链DNA特异性结合的荧光染料。在AT碱基对聚集的区域（重复顺序含量高的异染色质区域），DAPI与DNA双链的小沟结合发出较强的荧光；在GC碱基对聚集的区域，DAPI插入双链的碱基之间发出比较弱的荧光或不产生荧光。因此，DAPI荧光染色可以特异性显示不同生物体中存在异染色质的区域，如牙鲆（*Paralichthys olivaceus*）、河豚（*Dichotomyctere fluviatilis*）等。

多种荧光染料结合使用是染色体荧光显带技术快速发展的重要原因之一。一般先使用和DNA相结合的荧光染料，再用另一种荧光或非荧光染料进行复染。染料组合使用的优点：① 当用单一染料显示的带纹不够清晰时，以另一种染料复染可使带纹或多态区更清晰，反差更强烈；② 一些荧光染料组合可以显示出特定的染色体多态区，如强荧光的异染色质区。

三、实验材料

预制染色体载玻片标本（牙鲆）。

四、实验器具和药品试剂

1. 实验器具

荧光显微镜（附摄像装置）、移液器、镊子、洗耳球、载玻片、盖玻片、载玻片夹等。

2. 药品试剂

McIlvaine（MI）缓冲液、CMA$_3$溶液、远霉素A（Distamycin A，DA）溶液（终浓度 0.1 mg/mL，用pH=7.0的MI缓冲液配制）、DAPI溶液、甘油、指甲油。

五、实验步骤

（1）将CMA$_3$溶液滴在片龄 3 ~ 4 d的常规染色体载玻片上，加长盖玻片染色 40 min。移去盖玻片，用MI缓冲液（pH=7.0）漂洗 2 次，用洗耳球吹干。

（2）将DA溶液滴于载玻片上，加长盖玻片染色 15 min。用MI缓冲液（pH=7.0）漂洗 2 次，用洗耳球吹干。

（3）将DAPI溶液滴于载玻片上，加长盖玻片染色 15 min。用MI缓冲液（pH=7.0）漂洗 2 次，用洗耳球吹干。

（4）染色完成后将体积比为 1∶1 的甘油和MI缓冲液（pH=7.0）的混合液滴在载玻片上，用指甲油封片，平放在载玻片夹中冷藏，3 ~ 7 d观察。

（5）荧光显微镜观察下并拍照：将经CMA_3/DA/DAPI三重荧光染色处理过的染色体载玻片标本置于荧光显微镜下观察。当用B光（蓝光$\lambda=440\sim480$ nm）激发时，正常牙鲆染色体显示 2 个明亮的CMA_3阳性部位；当用U光（蓝光$\lambda=360\sim400$ nm）激发时，正常牙鲆染色体显示淡染的DA/DAPI阴性部位，与CMA_3阳性部位一致（图 13.1）。

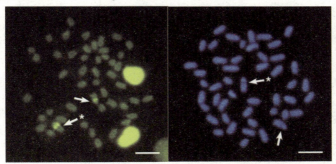

图 13.1　牙鲆CMA_3/DA/DAPI三重荧光染色（引自 Fujiwara 等，2007）

六、实验注意事项

（1）制片不能长期存放，必须立即借助荧光显微镜进行观察，必要时需要拍照保存有关信息。

（2）DA极不稳定，有效期 1 个月左右，最好现用现配。

（3）未装滤光片时不要用眼直接观察，以免损伤眼。

（4）用油镜观察标本时，必须关闭荧光。

（5）高压汞灯关闭后不能立即重新打开，5 min后才能再启动，否则光源不稳定，影响汞灯寿命。

七、实验作业和思考题

（1）提供DAPI阴性部位和CMA_3阳性部位清楚且分散良好的中期染色体图像各 1 张。

（2）CMA_3荧光染色的原理与银染有什么不同？

（3）CMA_3/DA/DAPI三重染色的优点有哪些？

实 验 14

牡蛎多倍体诱导和倍性检测

一、实验目的

（1）掌握贝类物理诱导多倍体的原理、一般方法以及倍性检测方法。

（2）初步了解贝类多倍体育种过程。

二、实验原理

多倍体诱导的方法主要分物理诱导法、化学诱导法和生物诱导法三类。物理诱导法是在细胞分裂周期中施加物理因素，干预细胞的正常分裂。常用的物理诱导法有温度休克法（包括高温和低温休克法）和静水压法。

温度休克法的作用机制是通过温度的变化（高温或低温）引起细胞在短时间内酶构型的改变，不利于酶促反应的进行，导致细胞分裂时形成纺锤体所需的ATP的供应途径受阻，使得染色体失去移动的动力，从而抑制染色体向两极移动，形成多倍体细胞。所用的温度因种类不同而有所差异。温度休克法是诱导水生动物多倍体的常用手段，根据处理温度的高低分为热休克（heat stock）和冷休克（cold stock）。一般热休克采用30℃～35℃的高温，冷休克采用0℃～4℃的低温，处理持续时间10～20 min。温度休克法诱导三倍体，操作简单，成本低廉，尤其是低温休克法对胚胎发育的影响较小，适合于大规模的生产。长牡蛎的受精卵经0℃～4℃的低温休克后，胚胎孵化率可高达90%以上，稚贝的三倍体率达80%以上。

三、实验材料

性成熟的长牡蛎（*Crassostrea gigas*）。

四、实验器具和药品试剂

1. 实验器具

显微镜、离心管（或培养皿）、解剖刀、剪子、镊子、吸管、恒温水浴锅、酒精灯、载玻片、温度计、计时器、烧杯、搅拌器、筛绢等。

2. 药品试剂

秋水仙素、甲醇、冰醋酸、PBS 缓冲液（pH 6.8 ～ 7.0）。

五、实验步骤

（1）先把成熟的牡蛎外壳洗刷干净，活体解剖。打开贝壳检查，分选雌、雄牡蛎。雌牡蛎卵子呈颗粒状；而雄牡蛎精子呈乳块状。

（2）摘取生殖腺，剖取卵子，先用 300 目筛绢过滤一次，再用 500 目筛绢洗去组织液。卵子最好用海水浸泡 30 min。取精子授精。水温保持 23℃～ 25℃。

（3）当第一极体出现率达 50% 时，将受精卵放置在 0℃～ 4℃环境中处理 10 ～ 30 min。分别记录低温处理的起始时间和持续时间。

（4）处理毕，用 23℃～ 25℃的过滤海水冲洗卵子，并在此温度下培养。统计受精率及孵化率。

（5）至 4 ～ 8 细胞期，使用胚胎压片法进行三倍体率检查。将细胞悬液在 1 000 r/min 的条件下离心 5 min。将离心后的上清液倒掉。加入卡诺氏固定液。用滴管小心将细胞冲打成悬液。在干净的载玻片上，滴加 1 ～ 3 滴细胞悬液。将载破片斜放，风干。镜检计数每个胚胎细胞中期分裂相的染色体数，确定其倍性。

（6）多倍体检测也可采用流式细胞仪进行。

扫描本页二维码可观看本实验操作。

六、实验注意事项

（1）应注意区分牡蛎的雌雄。卵子分散快，精子分散慢。

（2）取得卵子后最好用海水浸泡 30 min。

（3）制片时应注意手法，便于后期观察。

七、实验作业和思考题

（1）记录各处理组低温处理的起始时间、持续时间。

（2）记录各处理组胚胎的受精率、孵化率、多倍体率，完成表 14.1。

（3）分析低温诱导多倍体率的影响因素有哪些。

表 14.1　低温处理的起始时间、持续时间与胚胎的受精率、孵化率、多倍体率的关系

组别	处理温度/℃	持续时间/min	受精率/%	孵化率/%	检查胚胎个数	胚胎倍性					
						单倍体	二倍体	三倍体	四倍体	非整倍体	三倍体占检查总数比例/%
I											
II											

水产动物细胞DNA相对含量测定

一、实验目的

（1）了解细胞DNA相对含量测定和染色体倍性检测的方法。

（2）学习流式细胞仪的使用。

二、实验原理

流式细胞术（flow cytometry，FCM）是一种可以在功能水平上对单细胞或其他生物粒子进行DNA/RNA定量分析和分选的检测手段。它可以高速分析上万个细胞，并能同时从一个细胞中测得多个参数，与传统的荧光显微镜检查相比，具有速度快、精度高、准确性好等优点，成为当代最先进的细胞定量分析技术。

用DNA特异性荧光染料（如DAPI）对细胞进行染色，在流式细胞仪上（图15.1）用激光或紫外光激发结合在DNA上的荧光染料，依次检测每个细胞的荧光强度。细胞DNA含量不同，发出的荧光强度分布峰值不同。将被检测细胞的荧光强度与已知二倍体细胞或单倍体细胞（如同种精子），或与已知DNA含量的细胞（如鸡血细胞）进行比较，判断被检测细胞的倍性组成（图15.2）。这一方法已广泛应用于贝类、鱼类和甲壳类。

对成体贝类来说，取自鳃、血淋巴、外套膜组织、出水管以及足部的活组织样品均可用于流式细胞术分析。除了用成体的上述组织外，直线铰合幼虫、眼点幼虫均成功地应用该方法进行倍性鉴定。

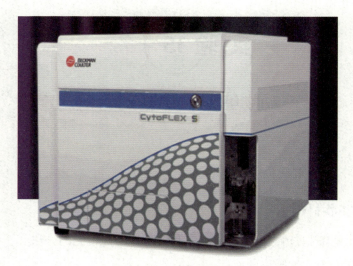

图 15.1　流式细胞仪

三、实验材料

贝类、鱼类的新鲜组织（鳃、闭壳肌或性腺）以及血细胞。

四、实验用具及试剂

1. 实验仪器

流式细胞仪、过滤器、离心管（或培养皿）、解剖刀、剪子、镊子、滤网等。

2. 药品试剂

PBS缓冲液、RNA酶、碘化乙锭。

五、实验步骤

1. 单细胞悬液的制备

分别取 0.5 ~ 1 g 新鲜组织（鳃、闭壳肌或性腺），经PBS缓冲液冲洗后置于重叠的 100 目铜网和 260 目尼龙网上轻搓，磨取并过滤分散的细胞。用PBS缓冲液不断冲洗，直至组织搓完。将组织溶液移至离心管中，以800 ~ 1 000 r/min 的速率离心漂洗 3 次，每次离心 5 min。除去上清液，收集沉积细胞，以备染色。

2. 细胞核DNA荧光素定量染色

在盛有分散细胞的试管内加入染色缓冲液（PBS缓冲液内加入 3 000 U RNA 酶和 10 μmol/mL 碘化乙锭），常温下于暗处染色 30 min 左右，然后用 500 目尼龙网过滤，滤液用机用标准试管收集。用PBS缓冲液调整细胞浓度，保持每毫升有 10^6 个细胞。

3. DNA含量测定

采用流式细胞仪分别检测每份样品的DNA含量。流式细胞仪的激光照射经PI染色的细胞即激发荧光，测定所发荧光的强度。与测定装置相连的自动分析装置可对测定结果进行初步的分析。选取重复间变异率小于 5% 的数据平均值作为测定结果。每份样品测 $5×10^3$ 个细胞，重复 3 次。

解冻的样品要经涡旋振荡器振荡、注射器反复抽吸、筛网过滤，制成细胞悬液，才可上机分析样品。

六、实验注意事项

（1）制备单细胞悬液时应用PBS缓冲液不断冲洗。

（2）染色时应注意保持细胞浓度。

（3）注意解冻样品和新鲜样品的操作区别。

七、实验作业和思考题

（1）讲述流式细胞仪的使用方法。

（2）进行DNA相对含量的比较和倍性检测分析。

八、参考图

参考图见图 15.2。

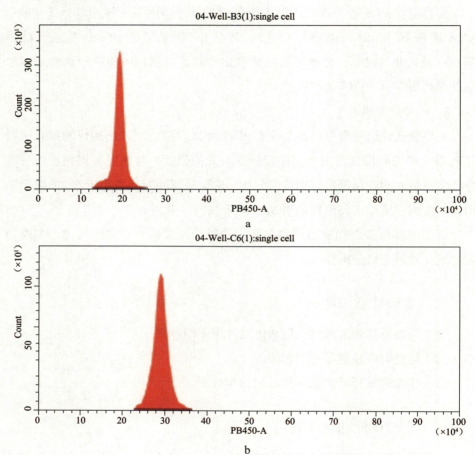

a. 二倍体；b. 三倍体。

图 15.2　流式细胞仪检测长牡蛎倍性图

水产动物基因组总DNA的提取

一、实验目的

（1）了解水产动物基因组DNA分离的原理和方法。

（2）掌握大量提取水生动物基因组DNA的方法与技术。

二、实验原理

DNA提取是指通过物理和化学方法使DNA从样品中分离出来。提取DNA是分子生物学研究工作的第一步，DNA质量的好坏关系后续工作的成功与否。用好的DNA提取方法获得的DNA分子较完整、降解较少，蛋白质、多糖、多酚等杂质去除较彻底，同时具有较高得率。DNA提取方法繁多，十六烷基三甲基溴化铵（Hexadecyltrime thylammonium bromide，CTAB）法是水生生物DNA提取较为常用的方法。CTAB是一种去污剂，可溶解细胞膜。它能与DNA形成复合物，溶解于高盐溶液（0.7 mol/L 氯化钠溶液）中。当降低溶液盐浓度到一定程度（0.3 mol/L）时，CTAB–核酸的复合物从溶液中沉淀，通过离心就可将其与蛋白、多糖类物质分开。最后通过乙醇或异丙醇沉淀DNA，而CTAB溶于乙醇或异丙醇而被除去。

三、实验材料

新鲜的贝类、鱼类肌肉组织或–80℃冻存的样品。

四、实验器具和药品试剂

1. 实验器具

水浴锅、冷冻离心机、高压灭菌锅、–80℃冰箱、4℃冰箱、pH计、磁力搅拌器、分析天平、1.5 mL 离心管、离心管盒、移液器及吸头 3 种（0.1 ~ 10 μL、10 ~ 20 μL、10 ~ 1 000 μL）、解剖刀剪、镊子、记号笔、乳胶手套、广口瓶和吸水纸。

2. 药品试剂

三羟甲基氨基甲烷（Tris），盐酸，乙二胺四乙酸（EDTA），十二烷基硫酸钠（SDS），蛋白酶K(PK)，苯酚、氯仿、异戊醇混合液，氯化钠，无水乙醇，纯水，二巯基乙醇（2–ME），CTAB缓冲液。

3. 试剂制备

（1）CTAB缓冲液的配制见附录5。

CTAB缓冲液配好后灭菌，室温避光保存，几年内可以保持稳定。

（2）PK溶液：用蒸馏水溶解PK，使其终浓度为 20 mg/mL。–20℃保存。

（3）苯酚、氯仿、异戊醇混合液：Tris–盐酸平衡苯酚、氯仿、异戊醇的体积比为 25 ：24 ：1，4℃保存。

（4）氯化锂饱和水溶液或者氯化钠饱和水溶液，4℃保存。

（5）无水冰乙醇或异丙醇：预冷，–20℃保存。

（6）70%的酒精：配制好后 4℃保存。

（7）TE缓冲液：10 mmol/L Tris–盐酸（pH 8.0），100 mmol/L EDTA（pH 8.0）。

五、实验步骤

（1）取贝类或鱼类的肌肉组织 100 mg，尽量切碎（图 16.1a），放入灭菌的 1.5 mL 离心管中。

（2）每管加入预热的CTAB缓冲液（60℃）500 μL、PK（20 mg/mL）15 μL，60℃温浴过夜。

（3）加入等体积（500 μL）氯仿、异戊醇混合液（CIA，二者体积比为24∶1），旋转搅拌 20 min（图 16.1b）。以 10 000 r/min 的速率于室温离心 5 min。

（4）吸取上清液（图 16.1c），加入等体积苯酚、氯仿、异戊醇混合液（PCI，三者体积比为 25∶24∶1），室温混合 20 min。以 10 000 r/min 的速率于室温离心 5 min。根据需要可重复此步骤 1 次。

（5）加等体积 CIA，旋转搅拌 20 min。以 10 000 r/min 的速率于室温离心 5 min。

（6）加入 0.6 倍体积的异丙醇，缓慢颠倒混合至 DNA 沉淀出现。以12 000 r/min 的速率于室温离心 15 min（图 16.1d）。

（7）倒掉上清液，加入 1 mL 预冷的无水乙醇清洗，以 10 000 r/min 的速率于室温离心 1 min，或以 3 000 r/min 的速率于室温离心 2～3 min。重复 1 次。

（8）倒掉上清液。室温下开盖晾干 2～4 h；或将离心管倒放，自然风干30 min（图 16.1e）。

（9）待 DNA 完全干燥后，加入 50 μL 1×TE 缓冲液（pH 8.0），4℃溶解过夜。

（10）用紫外分光光度计测量实验所得的 DNA 样品的质量及浓度。将其稀释到 100 ng/μL，4℃保存。

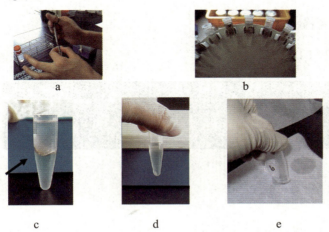

a. 切取组织；b. 搅拌；c. 取上清液；d. DNA 沉淀获取；e. 干燥。

图 16.1　DNA 提取

扫描本页二维码可观看本实验操作。

六、实验注意事项

（1）若预定时间内组织未完全消化至澄清，可补充适量 PK。

（2）取上清液时不能触及下面液相。

（3）高温与剧烈震动会损伤DNA。

（4）各器具（如移液器吸头、离心管、玻璃瓶）均需高温灭菌。

（5）移上清液时，用大口移液器吸头（剪口后经高温灭菌锅灭菌）。

（6）酒精固定的样品，首先经蒸馏水 37℃温浴 2 ~ 3 次，洗脱乙醇。

七、实验作业和思考题

（1）CTAB 缓冲液中每种成分的作用是什么？

（2）无水乙醇和异丙醇沉淀DNA各有什么优点？

八、参考图

参考图见图 16.2。

图 16.2　DNA 电泳图

选择育种计划的制订

一、实验目的

（1）了解选择育种的一般原理。

（2）掌握选择育种的方法和特点。

（3）了解选择育种方法在水生生物遗传育种中的应用。

二、实验原理

选择育种（selection breeding），简称选育或选种，是根据育种目标，在现有品种或育种材料内出现的自然变异类型中，经比较鉴定，通过多种选择方法，选出优良的变异个体，培育新品种的方法。选择育种属于传统育种方法的范畴，其中又渗透了各个层次的遗传学理论和方法，如经典的孟德尔遗传学、细胞遗传学、种群遗传学、分子遗传学和数量遗传学等。在水生生物的育种实践中，选择育种的地位是不可替代的。

相比其他领域，选择育种在水产领域的起步较晚，但是发展很快，尤其近几十年的成绩显著。在鱼类方面，国外先是成功地培育了多个鲑鳟鱼类新品种，后来又成功进行了罗非鱼的选育，大大提高了这些鱼类的生产水平；国内从20世纪六七十年代荷包红鲤到兴国红鲤、玻璃红鲤、湘云鲫等新品系的出现也仅仅经历10～20年时间，后来又有超雄罗非鱼、全雌牙鲆等新品系培育成功。在对虾方面，我国的中国对虾抗白斑综合征病毒（WSSV）的筛选育种及配套生产工艺研究也获得了良好的成果。在贝类方面，国外已成功建立了美洲牡蛎（*Crassostrea virginica*）的抗尼氏单孢子虫病（MSX）、派金虫病（Dermo）新品系；国内成功推出了海湾扇贝（*Argopecten irradians*）"中科红"、栉孔扇贝（*Azumapecten farreri*）"蓬莱红"、皱纹盘鲍（*Haliotis discus hannai*）"中国红"、长牡蛎"海大1号""海大2号"（图17.1）和"海大3号"等新品种。

图 17.1　长牡蛎"海大 2 号"新品种

三、实验材料

相关资料、数据。

四、实验方法

1. 育种背景的调查

全面收集和分析目标物种的资料、数据，研究其育种现状。

2. 育种目标的确定

确定选择目标和项目，即要获得什么样的品种（breed），如存活率高、生长速度（growth rate）快、抗病能力（resistance）强、肉/壳比例高、食物转化率（food conversion effeciency）高和品质（quality）好等，然后再有计划地进行选择培育，这样才有可能在短时间内获得目标品种。

3. 育种方法的选择

选择育种工作可以从优良的个体或群体开始，选择育种常用的方法有群体选择和家系选择。

群体选择（mass selection）是根据个体性状的表现型进行选择的方法，又称为个体选择（individual selection）。对于遗传力较高的性状，采用该选择方法简单易行，且容易成功。

家系选择（family selection）指在尽可能一致的环境条件下，建立若干个家系，并对家系进行比较和观察，以家系为单位进行选择，将具有目标性状和优势性状的个体选出来作为亲本繁育，逐代选择表现良好的个体。

应根据育种目标选择合适的育种方法或综合使用多种方法。

4. 制订年度进展

根据要实现的育种目标制订详细的年度计划和进展安排。

5. 育种计划的实施

选择适宜的育种场、确定育种原始群体和选择时间、选择个体的数量和年龄等。

五、实验作业

根据已掌握的基础理论知识，对某一养殖水生生物制订合理而且可行的选择育种方案。

实 验 18

杂交育种计划的制订

一、实验目的

（1）了解杂交育种的一般原理。

（2）掌握杂交育种的方法和特点。

（3）了解杂交育种方法在水生生物遗传育种中的应用。

二、实验原理

杂交育种（cross breeding）指通过不同（品）种间杂交创造新变异，并对杂交后代培育、选择以育成新品种的方法。杂交育种和选择育种一样，属于经典育种方法的范畴，是目前国内外动植物育种中应用最广泛、成效最显著的育种方法。新技术和新方法只有和传统育种方法很好地结合，才能发挥作用，收到更好的效果。

杂交育种的理论基础是基因的分离和重组。杂交是增加生物变异性的一个重要方法，但是杂交并不产生新基因，而是利用现有生物资源的基因和性状，将分离于不同群体（个体）的基因组合起来，从而建立理想的基因型和表现型。

杂交育种在水产养殖上的应用十分广泛，如杂交鲍（图 18.1）。杂交育种主要用于提高生长速度、抗病力、抗逆性、成活率、起捕率、含肉率、饵料转化率和改良水产动物肉质，创造新品种，保存和发展有益的突变体以及抢救濒于灭绝的良种等方面。

图 18.1 皱纹盘鲍的杂交品种——杂交鲍

三、实验材料

相关资料、数据。

四、实验方法

1. 调查育种背景

全面收集和分析目标物种的资料、数据，研究其育种现状。

2. 确定育种目标

确定育种目标非常必要。没有明确的指导思想，会使育种工作盲目性大、效率低、时间长、成本高。首先应确定选育新品种（或品系）主要的目标性状所要达到的指标以及杂交用的亲本及亲本数，初步确定杂交代数、每个参与杂交的亲本在新品种血缘中占多少比例等等。实践中也要根据实际情况进行修订，灵活掌握。

3. 杂交组合的选择

品种间的杂交使两个基因型重组，杂交后代中会出现各种类型的个体。通过选择理想或接近理想类型的个体组成新的类群进行繁育，就有可能育成新的品系和品种。此阶段的工作除了选定杂交品种或品系外，每个品种或品系中的与配个体的选择、选配方案的制订、杂交组合的确定等都直接关系理想后代的出现。因此，有时可能需要进行一些实验性的杂交。由于杂交需要进行若干世代，所采用的杂交方法如引入育成杂交或级进育成杂交要视具体情况而定。理想个体一旦出现，就应该用同样方法生产更多的这类个体，在保证符合品种要求的条件下，使理想个体的数量达到满足继续进行育种的要求。

4. 主要步骤

（1）杂交：杂交的方法主要有简单育成杂交、级进育成杂交和引入育成杂交等。这些方法可综合使用。

（2）自群繁殖：目的是通过理想杂种个体群内的自群繁殖，使目标基因纯合和目标性状稳定遗传。

（3）扩群提高：目的是迅速增加其数量和扩大分布地区，培育新品系，建立品种整体结构和提高品种品质，满足一个品种应具备的条件。

5. 年度进展的制订和育种计划的实施

根据要实现的育种目标制订详细的年度计划和进展安排。

五、实验作业

根据已掌握的理论知识，对某一养殖水生生物制订合理而且可行的杂交育种方案。

多倍体育种计划的制订

一、实验目的

（1）了解多倍体育种的一般原理。

（2）掌握多倍体育种的方法和特点。

（3）了解多倍体育种方法在水生生物遗传育种中的应用。

二、实验原理

多倍体（polyploid）是指体细胞中含有 3 个或 3 个以上染色体组的个体。而多倍体育种（polyploid breeding）是指利用人工诱变或自然变异等，通过细胞染色体组加倍以改造生物遗传基础，获得多倍体育种材料，用以选育符合人们需要的优良品种的方法。

1995 年 863 计划海洋高技术专项启动以来，我国海水养殖物种的多倍体育种得到优先资助，在牡蛎、扇贝、皱纹盘鲍、珠母贝、中国对虾等重要经济种类中得以应用。主要的多倍体诱导方法包括物理诱导法（温度休克、静水压）、化学诱导法（细胞松弛素 B、6–二甲基氨基嘌呤、咖啡因等）和生物诱导法（核移植和细胞融合、四倍体与二倍体杂交等）。

目前，牡蛎多倍体的研究主要集中在三倍体和四倍体。三倍体牡蛎具有生长快、个体大、肉质好等特点（图 19.1），且由于三倍体具有 3 个染色体组，减数分裂过程中染色体的联会不平衡导致三倍体的高度不育性，能形成繁殖隔离，不会对养殖环境造成品种污染。四倍体牡蛎具有正常繁育的可能，与二倍体杂交理论上可产生 100% 的三倍体，三倍体的获得更加安全、简便、高效。

图 19.1　二倍体和三倍体长牡蛎的比较

三、实验材料

相关资料、数据。

四、实验方法

1. 育种背景的调查

全面收集和分析目标物种的资料、数据，研究其育种现状。

2. 育种目标的确定

确定选择目标和项目，即要获得什么样的品种，如三倍体不育、四倍体等，然后再有计划地进行培育，这样才有可能获得目标品种。

3. 育种方法的选择

（1）三倍体育种：选育工作可以从优良的个体或群体开始，挑选优良性成熟亲本，暂养。确定三倍体诱导方法。确定三倍体子代各生长阶段倍性检测的方法，如染色体计数、流式细胞术等。

（2）四倍体育种：在三倍体育种技术基础上，制订诱导四倍体的技术路线。确定诱导方法和倍性检测方法。确定四倍体子代的挑选和培育方法。

同时，可以根据育种目标，结合杂交育种等方法实施。

4. 制订年度进展

根据要实现的育种目标制订详细的年度计划和进展安排。

5. 育种计划的实施

选择适宜的育种场，确定育种原始群体和选择时间、选择个体的数量和年龄等。

五、实验作业

根据已掌握的基础理论知识，对某一养殖水生动物制订合理而且可行的多倍体育种方案。

第四部分

研究创新型实验

研究创新型实验的基本程序

一、实验目的

了解并掌握研究创新型实验的基本程序。

二、基本程序

1. 查阅参考资料

确定研究目的、意义及研究范围。进行创新型实验之前需查阅大量资料，了解国内外相关研究的进展。

2. 立题

确立要研究的课题，是实验设计的前提，同时也决定了研究的方向和研究内容。立题的正确性和科学性关系实验结果的准确性和结论的可行性。所以，立题必须慎重。

立题的基本原则如下。

目的性、应用性：立题首先应明确研究的具体目的，即通过该实验究竟要解决什么问题。这些问题必须是当前生产实践急待解决的问题，在生产实践中具有广泛的应用前景，具有一定的实践意义和理论意义。同时课题不易过繁过大。一个实验能解决 1 ~ 2 个问题即可。

前瞻性、创新性：科学研究必须具有前瞻性和创新性，即研究前人尚未做过、尚未解决或做得不完善、尚未得出结论的问题。这就需要查阅大量资料，充分考虑通过本研究能否提出新的规律、新的见解、新的方法，发明新技术，或对原有规律、技术进行完善。

科学性、可行性：确立研究课题，首先要有一个设想，然后设计实验去检验设想是否正确。因此，立题必须有充分的科学依据，要与已证实的科学理论、科学规律相符合，不能凭空设想。研究采用的方法和技术应是先进而可行的。立题还必须考虑实验者的知识水平、技术水平和进行该项研究所需的实验条件。

3. 实验设计

实验设计就是研究计划和实施方案的制定，实验方法的确立。必须根据所立课题的目的、要求、预期结果，结合专业和统计学的要求，制定出周密的实验内容、方法和计划，使整个实验过程有据可依、循序渐进、有条不紊，达到预期目的。

实验设计原则如下。

对照原则：对照是为了科学对比处理因素和非处理因素的差异。通常实验分为对照组和处理组（实验组）。影响机体机能的因素很多。设立的对照组和处理组非处理因素均保持相同，这就使对照组与处理组的非处理因素影响得以抵消，而处理因素的效应更加显露。例如，对照组和处理组实验动物的基本条件（规格、来源、年龄、性别等）、实验环境（温度、水质条件等）、实验条件（实验方法、操作过程、使用仪器等）以及检测指标等均相同，只是处理组施加了不同的处理因素。这样，才能消除非处理因素的影响。

重复原则：由于实验动物的个体差异，重复是消除非处理因素影响的又一重要手段。只有可重复的实验结果才是可信的、科学的，这就要求处理组和对照组均需要设置足够的组数或样本数。如果组数和样本过少，个体差异导致的实验误差往往影响结果的准确性。组数和样本又不宜过多，否则导致工作量太大而造成人力物力的浪费。重复组与样本数要根据生物统计学原理、资料、预实验结果或以往经验来确定，通常设立 3 个平行组（即重复组），每组 8 ~ 10 个个体。这样，每个处理组（或对照组）可获得 24 ~ 30 个样本。

随机原则：随机原则是指在研究中每个动物被分配到任何一组的概率都

是相等的，分组结果不受人为因素和其他因素的影响。同时，实验动物每次进行实验的顺序都是随机的。随机化的处理可使抽取的样本能够代表总体，从而减少抽样误差，还可使各组样本的条件尽量一致，消除或减少组间人为的误差，使处理因素效应更为客观、正确。通常在随机分组前，要对明显影响实验结果的因素先加以控制，如性别、年龄、大小、健康状况等。随机化方法很多，可参阅有关生物统计学书籍。

4. 预实验

预实验的目的，一是对选择的实验效应指标进行初步筛选，二是对实验的处理因素进行筛选，三是对实验方法进行筛选。

5. 正式实验

正式实验按预实验后修改的实验方案、实验方法、实验步骤进行，要求必须认真仔细地操作，独立实践。

6. 实验观察、记录

（1）对运来的实验动物要进行 7 d 左右的驯养，以使其适应新的实验环境，并淘汰不适合实验的体弱动物。

（2）将实验动物分组后，实验前按实验需要检测实验动物的基础数据，如规格（体长、体重）、耗氧率等。

（3）各组施加不同的因素后要观察动物活动状况及其产生的变化（如死亡情况、患病情况等），即时进行处理和详细记录。

（4）按阶段（以时间推移为准）采样，检测各项实验指标，直至实验结束。全程记录。记录的方式可以是文字、数字、表格、图形、照片或录像等。结果的记录必须做到系统、客观、真实和准确。

（5）记录的项目及内容：① 实验名称、实验日期、实验者；② 实验动物分组、规格（体长、体重）年龄、性别、来源、健康状况等；③ 施加的处理因素、种类、来源（生产厂、批号）、剂量、剂型、给药方法；④ 实验仪器；⑤ 实验条件，主要是饲养的水质条件及其饲养管理方法；⑥ 实验方法、步骤；⑦ 实验指标名称、单位、数值及其变化曲线等。

7. 实验结果的分析、处理

（1）对原始资料或数据进行分析与处理。

（2）选择适合的实验结果表示方法，如照片、表格、曲线图、柱状图等。

（3）得出实验结论。

8. 撰写研究论文

撰写论文是科学研究中极为重要的一项工作。论文的撰写要以实验设计和实验结果为依据。一篇高质量的科研论文要较全面地概括研究工作的全过程，充分体现研究中使用的新方法，研究者的新发现、新观念，以及研究价值，包括理论意义和实践意义。另外，论文中要对研究进行阶段性总结，为下阶段或今后的研究工作奠定基础。

三、实验作业

设计一个与自己感兴趣的研究方向相关的研究创新型实验课题。

实 验 21

研究创新型实验的准备

一、实验目的

（1）了解研究创新型实验的前期准备。

（2）掌握研究创新型实验设计的方法。

二、实验方法

研究创新型实验的准备主要包括查阅相关资料、立题、实验设计及预实验。立题的基本原则详见实验20。本节内容主要介绍实验设计及预实验相关内容及要求。

1. 实验设计的内容

（1）实验的方案、计划及技术路线：根据实验目的，利用已有的科学规律或研究成果，制定可操作的实验方案，以达到预期的实验目的。可设计多层次、涉及多学科、采用多种方法的综合性技术路线与方案。

（2）实验方法与实验步骤：主要是研究过程中涉及的具体实验方法和步骤。同一个实验也可选用几种方法进行预实验，最后确定一个最合适的方法。

（3）所需的器材、药品及试剂：根据实验目的、实验方法、实验步骤选择相应的器材，备足药品和试剂。

（4）实验动物的选择：必须是健康的水产动物（鱼、虾、贝等），年龄、规格（体长、体重）、性别、来源最好基本一致，以减少个体差异。

（5）处理因素：根据实验目的，由实验者人为施加给实验动物的因素称为处理因素，如不同的营养条件、不同的致病因子、不同的水环境因子等。

处理因素设计应注意如下问题。

抓住实验的主要因素。在一次实验中只观察一个因素的效应称为单因素效应，一次实验中观察多种因素的效应称为多因素效应。一次实验的处理因素不要过多，否则分组过多，检测指标的样本过多，实验耗时过长且难以掌握。实验处理因素又不宜过少，否则影响实验的深度、广度和效率。

处理因素的强度和标准：强度就是处理因素量的大小。药物的剂量必须适当。对于同一因素，有时可设几个不同的强度水平。处理因素的强度水平亦不宜过多。处理因素在整个实验过程中应保持不变，即应标准化，否则会影响实验结果的评价。如采用相同的计量标准对药物的质量（成分、纯度、生产厂、批号、配制方法等）、仪器参数等做出统一规定并相对固定，强度衡量亦应采用相同的标准。

严格控制非处理因素，即干扰因素。干扰因素为除处理因素外的其他因素。如处理因素为不同致病因子，那么温度、水质条件等因素即为干扰因素。需要严格控制干扰因素，使各组处于基本相同的实验条件下。

（6）实验效应的反映：选择一系列指标来反映处理因素对实验动物的影响，这包括定性指标和定量指标、主观指标和客观指标等。各指标的选择可根据如下原则。

特异性：所选指标应能对某一特定现象或效应产生特异性的反应。例如，研究抗病力，可选择血液或免疫指标；研究营养状况可选择消化吸收、代谢等指标。

客观性：所选指标应尽量避免主观因素干扰所造成的误差，应选择易于量化且可通过仪器测量和检验所获得的指标，如血液生理生化指标、细菌培养结果等。

重复性：条件相同时，指标可以重复出现。因此，为了提高指标的重复性，应注意仪器的稳定性，并尽量减少操作的误差，严格控制实验动物的机能状态以及其他环境条件（特别是水质）的稳定性。重复性差的指标不宜采用。

精确性：各指标重复数据相接近，其差值为随机误差；观测值与真值的接近程度主要受系统误差的影响。变异较大的指标不宜选用。

灵敏性：选择的指标如果灵敏性较高，可使微小的效应显示出来；若灵敏性很低，则本应该显示的效应较难出现。因此，不宜选用灵敏性低的指标。

可行性：根据实验室的设备条件以及研究者自身的技术水平选择检测指标。用于验证检测指标的检测方法应为经典的实验方法或者有充分的文献依据作为支撑。如若采用自己创立的检测方法，必须将其与经典的实验方法进行多次比较，证明其具有特有的优越性。

2. 实验设计的要求

（1）应在生理、生化、病理和饲料营养学、水产动物疾病学等有关理论的基础上，通过查阅大量相关文献或根据以往实验中或生产实践中所观察到的现象或产生的问题来选定实验课题。

（2）立题后，对于该课题有关基本理论，还必须继续深入学习，认真体会，融会贯通。

（3）应根据实验室条件、自己所学的知识和对相关资料的深入了解，尽量采用简易的实验方法，制定切实可行的实验方案。

（4）严格遵守实验设计的原则，所设计的每一个环节、每一个步骤都要具有科学性，以确保实验结果的可信性和客观性。

（5）实验设计中敞开思路，自行提出问题，以问题为中心，设计实验方案，力求较完善地解决问题。

（6）实验设计要努力体现创新性、逻辑性，实验内容设计要简洁明了，目的明确。

3. 预实验

预实验的目的，一是对选择的实验效应指标进行初步筛选，二是对实验的处理因素进行筛选，三是对实验方法进行筛选。

（1）实验效应指标的筛选：通过预实验对实验指标进行筛选，应尽量选择一些灵敏性较高、重复性较好、特异性较强而且测定简便的指标进行正式实验。

（2）处理因素的筛选：对处理因素的强度、处理时间等进行初步探索，以确保正式实验取得成功。

（3）实验方法的筛选：适用于高等水产动物的实验方法不一定完全适用于低等水产动物。因此，熟悉并掌握实验方法与技术，并根据现实情况做出相应的修改是十分必要的。在某些实验中，抗凝剂、生理盐溶液都需要经过预实验的筛选。此外，在实验过程中出现的各种问题是否值得进一步的研究等，都需要逐渐了解。总之，预实验是为了检查各项准备工作是否完善，实验方法和实验步骤是否可行，检测的指标是否稳定可靠，初步了解实验结果与预期结果的距离，从而为课题和实验设计的完善提供依据，使得正式实验能够顺利进行，达到预期目的。

三、实验作业

制定一套与自己感兴趣的研究方向相关的实验计划。

实 验 22

水生生物的遗传多样性的微卫星标记分析

一、实验目的

（1）了解微卫星分子标记技术的原理。

（2）掌握微卫星分子标记技术的操作方法。

（3）了解微卫星分子标记技术在水生生物遗传多样性分析中的应用。

二、实验原理

微卫星（microsatellite）又称简单序列重复（simple sequence repeat，SSR）、短串联重复（short tandem repeat）或简单序列长度多态性（simple sequence length polymorphism），是指以少数几个（1～6个）核苷酸为单位多次串联重复的DNA序列。在迄今研究过的所有生物中都发现了它的存在，并且它分布密度很大，表现出高度的多态性。一般认为，微卫星产生的原因主要有3点：① DNA复制过程中的滑动；② DNA复制和修复时滑动链与互补链碱基错配；③ 在减数分裂中的不等交换，导致一个或几个重复单位的插入或缺失，使这些重复序列的拷贝数发生了变化，从而形成群体内个体间的多样性，即多态性。微卫星由于具有多态性高、遵循孟德尔分离定律、共显性遗传等特点，已成为种群分化、家系分析、基因连锁分析、演化研究中使用最为广泛的遗传标记，是继第一代作图用分子标记RFLP后的第二代作图用分子标记。

尽管微卫星分布于整个基因组的不同位置，但它两端的序列多是相对保守的非重复序列（或称为侧翼序列），中间为重复的核心序列。因此，分析微卫星DNA多态性时，可以根据分离得到的微卫星两端的单拷贝序列设计一对特异引物，利用PCR技术，扩增每个位点的微卫星序列，得到不同个体之间重复次数不同造成的大小不等的DNA片段，经聚丙烯酰胺凝胶电泳技术分析核心序列的长度多态性。一般来说，同一类微卫星可分布于整个基因组的不同位置上，通过其重复次数的不同以及重复程度的不完全造成每个座位上的多态性。

三、实验材料

长牡蛎（*Crassostrea gigas*）基因组DNA样品。

四、实验器具及药品试剂

1. 实验器具

台式冷冻离心机、PCR仪、电泳仪、恒温水浴锅、高温高压灭菌锅、移液器及吸头、离心管、PCR管、冰浴等。

2. 药品试剂

长牡蛎微卫星引物、Taq聚合酶、10×PCR缓冲液、氯化镁溶液、dNTPs、10 bp DNA Marker、尿素、丙烯酰胺、甲叉双丙烯酰胺（Bis）、10×TBE缓冲液、过硫酸铵（APS）、四甲苯乙二胺（TEMED）、Tris、硼酸、EDTA、去离子甲酰胺、二甲苯青、溴酚蓝、无水乙醇、冰醋酸、剥离硅烷、亲和硅烷、硝酸银、甲醛、无水碳酸钠、硫代硫酸钠等。

五、实验步骤

1. PCR体系

PCR体系共 10 μL，具体成分见表 22.1。

表 22.1　PCR体系

试剂		体积/μL
模板 DNA（100 ng/μL）		1
正向引物（10 μmol/L）		1
反向引物（10 μmol/L）		1
10×PCR缓冲液		1
dNTPs（2.5 mmol/L）		0.8
氯化镁溶液（25 mmol/L）		0.6
Taq 聚合酶（5 U/μL）		0.05
纯水		4.55

2. 反应程序

94℃反应 3 min 后开始如下循环：94℃变性反应 1 min；55℃退火反应 1 min；72℃延伸反应 1 min。

经过 45 个循环后，72℃再延伸 10 min。反应产物置于 4℃保存。

3. 变性聚丙烯酰胺凝胶的制备

（1）电泳用的玻璃板一定要非常清洁，一般先用去污剂洗涤，再用去离子水冲洗，最后用乙醇擦洗干净。

（2）每次灌胶前均需分别严格处理清洗过的方玻璃板和耳玻璃板。耳玻璃板用 1 mL 2%的剥离硅烷擦拭，方玻璃板用亲和硅烷（1.5 mL无水乙醇、7.5 μL冰醋酸、2 μL 0.5%亲和硅烷）进行硅化。方玻璃板、耳玻璃板替换处理过程中，要先更换手套，防止两种硅烷交叉污染。玻璃板硅烷化后至少干燥 10 min。

（3）进行玻璃板组装。将 0.4 mm 厚的边条置于方玻璃板左、右两侧，将耳玻璃板压于其上，两侧用夹子固定住。使用夹子固定玻璃板时，最好夹子的力量稍大一些，防止灌胶的过程中出现漏液现象。

（4）在 60 mL 6% 变性聚丙烯酰胺凝胶储存液（420 g 尿素、57 g 丙烯酰胺、3 g Bis、100 mL 10×TBE 缓冲液，溶于灭菌纯水，定容至 1 L，4℃保存备用）中加入 0.024 g 过硫酸铵和 24 μL TEMED，之后将其沿灌胶口轻轻灌入。待胶流到玻璃板底部，在灌胶口轻轻插入鲨鱼齿梳平整侧。注意灌胶过程中要严格防止出现气泡，否则影响电泳的结果。灌胶结束后，静置使之聚合至少 2.5 h。若让胶过夜，在胶的两头铺上保鲜膜以防干胶。

4. 电泳

当凝胶聚合完全后，拔出鲨鱼齿梳，将玻璃板组装到电泳槽上，稀释 10×TBE 缓冲液至 1×TBE 缓冲液，将 1×TBE 缓冲液加入上下两个电泳槽中，以 60 W 的恒功率预电泳 30 min。预电泳的过程是去除凝胶的杂质离子，同时使凝胶板达到所需的温度。高温电泳可防止 GC 丰富区形成发夹状结构影响电泳结果。

预电泳同时，进行样品的制备。将 PCR 产物与甲酰胺变性剂 1∶1 混合，95℃变性 5 min，然后立即冰浴。

预电泳结束后，关闭电源，用针管吸缓冲液清洗点样孔，去除在预电泳时扩散出来的尿素。将鲨鱼齿梳有齿的一边插入凝胶中。每一个点样孔点入 6 μL 变性后的样品。加样完毕后，立即以 60 W 的恒功率电泳。

5. 银染显色

（1）电泳完毕后，小心分开两块玻璃板，凝胶会紧贴在涂亲和硅烷的长玻璃板上。

（2）固定：将凝胶板置于 10% 冰醋酸溶液（固定/停止液）中，轻轻摇动，直至样品中染料完全消失（一般需要 15～30 min）。

（3）冲洗：用超纯水振荡洗凝胶板 3 次，每次 3～5 min。

（4）染色：在 2 L 超纯水中加入 2 g 硝酸银和 3 mL 37% 甲醛，配成染液。

将凝胶板置于染液中充分摇动 30 min。

（5）冲洗：从染液中取出凝胶板，放入超纯水中浸洗 5 ~ 10 s。

（6）显影：将凝胶板迅速移到 2 L 冷却的显影液中（2 L 水加入 60 g 无水磷酸钠，冷却至 4℃。使用前加入甲醛 3.5 mL、10 mg/mL 硫代硫酸钠 400 μL），充分振荡，直至带纹出现。注意：把凝胶板从超纯水转移到显影液的时间不能过长，否则信号微弱甚至丧失。

（7）定影：将凝胶板放入 10% 冰醋酸溶液中定影 3 ~ 5 min。

（8）冲洗：在超纯水中浸洗凝胶板 3 ~ 5 min。

（9）干燥保存：等凝胶板干燥后，将其扫描成图像文件保存。

六、实验结果分析

根据变性聚丙烯酰胺凝胶电泳上的 10 bp DNA Marker，人工读取扩增片段大小，使用分析软件 GENEPOP 3.4 和 MICROSATELLITE ANALYSER（MSA）对每个微卫星位点等位基因的数量进行统计，计算等位基因频率、观测杂合度（H_o）、期望杂合度（H_e）与检测群体是否符合哈迪–温伯格平衡（Hardy–Weinberg equilibrium，HWE）。

七、实验注意事项

（1）PCR 过程中应尽量规范操作，避免污染。

（2）电泳用的玻璃板应先用去污剂洗涤，再用去离子水冲洗，最后用乙醇擦洗干净。

（3）显影时应尽快把凝胶板转移到显影液中。

（4）用夹子固定玻璃板时尽可能用力一些，防止力量不足造成漏液。

（5）方玻璃板、耳玻璃板替换处理时应更换手套，防止交叉感染。

八、实验作业和思考题

（1）总结微卫星标记的优缺点。

（2）简述微卫星标记在海洋生物遗传学研究上的应用。

九、参考图

参考图见图 22.1 和图 22.2。

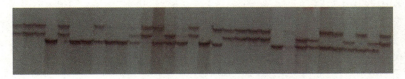

图 22.1　长牡蛎Cge449 微卫星位点的电泳图

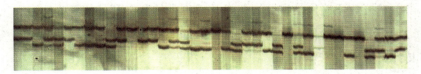

图 22.2　长牡蛎Udg194 微卫星位点的电泳图

实 验 23

水产动物数量性状遗传力的评估

一、实验目的

（1）掌握数量遗传学重要遗传参数遗传力的意义及其估算方法。

（2）学习数量遗传学的分析方法，针对水产动物经济性状进行统计分析，学习其计算方法。

二、实验原理

个体遗传基础和个体所处的环境都会影响数量性状的表现。某一种变异的产生原因与遗传因素的相关性大小，是数量性状的遗传研究中所关心的重要问题。由于数量性状呈现连续变异，所以数量性状遗传规律的研究需要借助生物统计方法来完成。

可以通过遗传模型的建立分析数量性状。任何一个个体数量性状的一般遗传模型都可记为 $P=G+E+ICE$。其中，P 为个体表型值，G 为基因型值，E 为环境效应值，ICE 为基因型与环境的互作。对于大多数数量性状而言，基因型和环境之间没有互作。为简化对数量性状遗传规律的研究，一般都假设 $ICE=0$，上述模型可简化为 $P=G+E$。这个关系式表明基因效应和环境效应共同决定表型值，基因效应是产生表型变异的内在原因，而环境效应是产生表型变异的外在原因。在实际研究中，遗传性状变异量通过方差的形式体现：

$$V=\frac{\sum x_i^2 - \left(\dfrac{\sum x_i}{n}\right)^2}{n-1} \qquad (23.1)$$

式中，V 为表型性状变异量；x_i 为观察值数据；n 为世代抽样数。

如果不考虑基因型与环境之间的互作，表型方差可分解为基因型方差（V_G）和环境方差（V_E）两个部分：

$$V_P=V_G+V_E \tag{23.2}$$

式中：V_P 为表型方差；V_G 为基因型方差；V_E 为环境方差。

这里引入一个表示亲代性状传递给子代的能力的重要概念——遗传力。遗传力可分为 3 种：广义遗传力、狭义遗传力和现实遗传力。

广义遗传力（h_B^2）指遗传变异占表型变异的百分数，即表型方差（V_P）中基因型方差（V_G）所占的比例，又称为遗传决定系数，用公式表示为：

$$h_B^2=\frac{V_G}{V_P} \tag{23.3}$$

根据孟德尔遗传规律和加性效应学说，基因型值可剖分为累加效应值即育种值（A）、显性效应值（D）和互作效应值（I）三部分，数学模型为

$$G=A+D+I \tag{23.4}$$

因此，$P=G+E=A+D+I+E=A+R$。其中，A 为育种值；$R=D+I+E$，称为剩余值。

表型变量剖分为

$$V_P=V_A+V_R \tag{23.5}$$

式中：V_P 为表型方差；V_A 为育种方差，V_R 为剩余方差。由于在育种中只有加性效应值即育种值能在后代中固定，因此表型变量中育种值变量的占比称为狭义遗传力，简称遗传力，用公式表示为

$$h^2=\frac{V_A}{V_P} \tag{23.6}$$

现实遗传力是指对数量性状进行选择时，在子代得到的选择反应大小所占从亲代获得的选择效果的比例。当代的选择强度用选择差来表示，记为 S。选择差指的是留种群体的个体表型均值与待选总群体表型均值之差。子代得到的选择效果用选择反应表示。用公式表示为

$$h_R^2=\frac{R}{S}=\frac{\overline{S}-\overline{C}}{i\sigma_C} \tag{23.7}$$

式中：R 为选择反应；S 为选择差；$\bar{S}$ 为选择组的表型平均值；$\bar{C}$ 为对照组的表型平均值；i 为选择强度；σ_C 为对照组的标准差。

遗传力是性状的群体总方差中育种值方差所占比率，是反映数量性状遗传规律的一个定量指标。育种值不能直接度量。利用亲属关系明确的两类个体的资料，通过统计分析来间接估计育种值方差，再用通径系数方法推导出遗传力估计方式，这是所有遗传力估计方法的一个基本的出发点。

用于遗传力估计的两类个体的资料按亲缘关系可分为亲子资料和同胞资料。计算遗传力的统计方法有方差分析法、回归和相关分析、最小二乘法、最大似然法及其混合模型方法等。估计遗传力时，应灵活选择最适宜的方法。

三、实验材料

牡蛎、鱼、对虾等水产动物。

四、实验用具

天平、游标卡尺等。

五、实验步骤

利用混合家系组内相关法，即半同胞、全同胞法，进行遗传力估计。如若群体规模不大且具有比较稳定的管理条件，可以将全同胞家系和半同胞家系数据结合起来进行分析。利用二因子方差分析剖分出全同胞家系间和半同胞家系间的方差，代入公式求组内相关后获得遗传力。

利用混合家系组内相关法估计遗传力的具体步骤如下。

1. 统计

在实验中，对全同胞家系和半同胞家系个体的数量性状进行统计，将数据结果列于表 23.1 中。

表 23.1 混合家系遗传力估计数据统计表

父本	母本	子女观察值				子女数	母本组总合	父本组总合
1	1	X_{111}	X_{112}	…	X_{11n_1}	n_{11}	X_{11}	X_1
	2	X_{121}	X_{122}	…	X_{12n_2}	n_{12}	X_{12}	
	…	…	…	…	…	…	…	
	d_1	X_{1d_11}	X_{1d_12}	…	$X_{1d_1n_{d_1}}$	n_{1d_1}	X_{1d_1}	
2	1	X_{211}	X_{212}	…	X_{21n_1}	n_{21}	X_{21}	X_2
	2	X_{221}	X_{222}	…	X_{22n_2}	n_{22}	X_{22}	
	…	…	…	…	…	…	…	
	d_2	X_{2d_21}	X_{2d_22}	…	$X_{2d_2n_{d_2}}$	n_{2d_2}	X_{2d_2}	
S	1	X_{S11}	X_{S12}	…	X_{S1n_1}	n_{S1}	X_{S1}	X_S
	2	X_{S21}	X_{S22}	…	X_{S2n_2}	n_{S2}	X_{S2}	
	…	…	…	…	…	…	…	
	d_s	X_{Sd_S1}	X_{Sd_S2}	…	$X_{Sdsn_{d_S}}$	n_{Sd_S}	X_{Sd_S}	

2. 计算各组间和组内的平方和、自由度

总的平方和（SS_T）和自由度（df_T）：

$$SS_T=\sum X_{ijk}^2-\frac{\left(\sum X_{ijk}\right)^2}{N}$$
（23.8）

$$df_T=N-1$$
（23.9）

式中：X_{ijk} 为子代表型值；N 为子代总数。

父本间平方和（SS_s）和自由度（df_s）：

$$SS_S=\sum\frac{\left(\sum X_i\right)^2}{m_i}-\frac{\left(\sum X_{ijk}\right)^2}{N}$$
（23.10）

$$df_s=S-1$$
（23.11）

式中：$\sum X_i$ 为第 i 个父本的后代表型值之和；m_i 为第 i 个父本的后代数；X_{ijk} 为

第i个父本和第j个母本配对产生的第k个子代的表型值；N为子代总数；每个父本各与j个母本交配，每个母本生有k个子代；S为父本总数。

父本内平方和（$SS_{S内}$）与自由度（$df_{S内}$）：

$$SS_{S内} = SS_T - SS_S \qquad (23.12)$$

$$df_{S内} = N - S \qquad (23.13)$$

式中：SS_T为总的平方和；SS_S为父本间平方和；N为子代总数；S为父本总数。

母本间平方和（SS_D）和自由度（df_D）：

$$SS_D = \sum\sum \frac{X_{ij}^2}{m_{ij}} - \frac{\left(\sum X_i\right)^2}{m_i} \qquad (23.14)$$

$$df_D = D - S \qquad (23.15)$$

式中：$\sum X_i$为第i个父本的后代表型值之和；$\sum X_{ij}$为第i个父本和第j个母本配对产生的后代表型值之和；m_i为第i个父本的后代数；m_{ij}为第i个父本和第j个母本配对产生的后代数；D为母本总数；S为父本总数。

母本内平方和（SS_w）和自由度（df_w）：

$$SS_w = SS_{S内} - SS_D \qquad (23.16)$$

$$df_w = N - D \qquad (23.17)$$

式中：$SS_{S内}$为父本内平方和；SS_D为母本间平方和；N为子代总数；D为母本总数。

3. 计算均方

父本间的均方：

$$MS_S = \frac{SS_S}{df_S} \qquad (23.18)$$

母本间的均方：

$$MS_D = \frac{SS_D}{df_D} \qquad (23.19)$$

子代间的均方：

$$MS_w = \frac{SS_w}{df_w} \qquad (23.20)$$

式中：SS_S为父本间平方和；df_S为父本间自由度；SS_D为母本间平方和；df_D为母本间自由度；SS_w为子代间平方和；df_w为子代间自由度。

4. 列出方差分析表

列出方差分析表，见表 23.2。

表 23.2 半同胞、全同胞方差分析表

变异来源	自由度	平方和	均方	期望均方
父本间	$S-1$	SS_S	MS_S	$\sigma_w^2 + n_0\sigma_D^2 + dn_0\sigma_s^2$
父本内母本间	$D-S$	SS_D	MS_D	$\sigma_w^2 + n_0\sigma_D^2$
后代个体间	$N-D$	SS_w	MS_w	σ_w^2
总和	$N-1$	SS_1		

注：S 表示父本数；D 表示母本数；σ_s 为父本间标准差，σ_w 为后代个体间标准差；σ_D 为母本间标准差。

$$n_0 = \frac{N - \sum_1^s \left(\sum_1^d n^2 \right)}{D - S} \tag{23.21}$$

$$n'_0 = \frac{\sum_1^s \left[\sum_1^d \frac{n^2}{d_n} \right] - \frac{\sum_1^s d_n^2}{n}}{S - 1} \tag{23.22}$$

$$dn_0 = \frac{N - \frac{\sum_1^s d_n^2}{N}}{S - 1} \tag{23.23}$$

式中：D 为母本数；S 为父本数；n_0、n'_0、d_{n_0} 为相应的加权平均值；n 为世代抽样数；d_n 为每只雌性的子代数。

5. 计算各方差组分

由表 23.2 均方组成可以计算出各方差组分。当雄性与雌性的数目相同，每只雌性的后代数也相等时，$n'_0 = n_0$，$d_{n_0} =$ 每只雄性的后代数。

若与每只雄性相配对的雌性数目不同，每只雌性的后代数也不等时，则根据以下公式分别求得：

$$\sigma_w^2 = MS_w \qquad \sigma_D^2 = \frac{MS_D - MS_w}{n_0} \tag{23.24}$$

$$\sigma_S^2 = \frac{MS_S - (n_0 \times \sigma_D^2 + MS_W)}{d_{n_0}}$$ （23.25）

式中：σ_S^2 表示雄性间方差；σ_D^2 表示雄性内雌性间方差；σ_W^2 表示雌性内子代间方差。

6. 计算同胞组内相关系数

半同胞组内相关系数（r_{HS}）：

$$r_{HS} = \frac{\sigma_S^2}{\sigma_S^2 + \sigma_D^2 + \sigma_W^2}$$ （23.26）

$$或 r_{HS} = \frac{\sigma_D^2}{\sigma_S^2 + \sigma_D^2 + \sigma_W^2}$$ （23.27）

式中：σ_S^2 为父本间方差；σ_D^2 为父本内母本间方差；σ_W^2 为母本内子代间方差。

全同胞组内相关系数（r_{FS}）：

$$r_{FS} = \frac{\sigma_S^2 + \sigma_D^2}{\sigma_S^2 + \sigma_D^2 + \sigma_W^2}$$ （23.28）

式中：σ_S^2 为父本间方差；σ_D^2 为父本内母本间方差；σ_W^2 为母本内子代间方差。

7. 计算遗传力

（1）半同胞相关法。因为半同胞协方差即组内相关系数的分子部分，是不同半同胞的平均数的方差，也就是共同亲本的 1/2 育种值的方差：

$$COV r_{HS} = V_{\frac{1}{2}A} = \frac{1}{4} V_A$$ （23.29）

式中：V_A 为为育种值方差；$V_{\frac{1}{2}A}$ 为共同亲本的 1/2 育种值的方差。

因此，

$$r_{(HS)} = \frac{\sigma_S^2}{\sigma_S^2 + \sigma_W^2} = \frac{COV r_{HS}}{\sigma_P^2} = \frac{1}{4} h^2$$ （23.30）

$$h^2 = 4r_{(HS)}$$ （23.31）

式中：r_{HS} 为半同胞组内相关系数；σ_S^2 为父本间方差；σ_W^2 为母本内子代间方差；σ_P^2 为表型变量方差；h^2 为遗传力。

（2）全同胞相关法。全同胞组内相关系数：

$$r_{FS}=\frac{\sigma_S^2+\sigma_D^2}{\sigma_S^2+\sigma_D^2+\sigma_W^2}=\frac{1}{2}\frac{V_A}{V_P}=\frac{1}{2}h^2 \tag{23.32}$$

$$h^2=2r_{FS}=\frac{2(\sigma_S^2+\sigma_D^2)}{\sigma_S^2+\sigma_D^2+\sigma_W^2} \tag{23.33}$$

式中：r_{FS} 为全同胞组内相关系数；σ_S^2 表示父本间方差；σ_D^2 表示父本内母本间方差；σ_W^2 表示母本内子代间方差；V_A 为育种值方差；V_P 为总表型方差；h^2 为遗传力。

8. 显著性检验

全同胞组内组织法采用 t 检验：

$$t=\frac{h^2}{\sigma_{h^2}} \tag{23.34}$$

式中：h^2 为遗传力；σ_h^2 为遗传力方差。

六、实验注意事项

（1）统计分析时的标准要一致，尽量减少误差。遗传参数估计的结果必须要进行显著性检验。

（2）遗传力不能直接度量，只能利用亲属关系明确的两类个体的资料，借助数量统计分析获得。因此，要根据水产动物的实际情况，灵活选择最适宜的方法进行遗传参数的估计。

七、实验作业和思考题

（1）根据所学方法，自行设计实验，对亲本及子代遗传参数进行分析计算。

（2）广义遗传力和狭义遗传力有何区别？

（3）遗传力估计准确性与何有关？会对遗传育种工作产生什么影响？

实验 24

水产动物数量性状遗传相关的估计

一、实验目的

（1）掌握数量遗传学重要遗传参数遗传相关的意义及其估算方法。

（2）学习数量性状遗传分析基本方法，掌握计算遗传相关的方法。

二、实验原理

在发育过程中动物个体各部分或者各性状之间形成协调一致和互相联系的关系，任何一种性状的改变都会引起其他性状的改变。性状间这种程度不同的联系称为相关，相关密切程度用相关系数表示。同一个体不同性状表型值之间的相关称为表型相关。遗传和环境是性状间的表型相关形成的两大因素。个体发育过程中受到相同环境影响而形成的性状相关称为环境相关。遗传因素诸如"一因多效"和基因间连锁等造成的性状相关，实质上是指同一个体不同性状育种值之间的相关，称为遗传相关。

遗传相关的估计方法主要有 3 种，分别为利用亲子关系、利用同胞关系和利用双选择实验。这 3 种方法都是利用亲属间表型协方差法求解遗传相关系数。

以半同胞关系为例进行遗传相关的计算。利用方差分析和协方差分析求半同胞间两性状的平均协方差和平均交叉方差，进而估计两性状的遗传相关性。

方差和协方差分析见表 24.1。

表 24.1 方差和协方差分析表

变因	自由度	x的均方结构	均叉积结构	y的均方结构
种群间	$S-1$	$\mathrm{MS}_{\mathrm{B}(x)} = \sigma^2_{\mathrm{w}(x)} + n_0\sigma^2_{(x)}$	$\mathrm{MP}_{\mathrm{B}(xy)} = \mathrm{COV}_{\mathrm{w}(xy)} + n_0\mathrm{COV}_{\mathrm{B}(xy)}$	$\mathrm{MS}_{\mathrm{B}(y)} = \sigma^2_{\mathrm{w}(y)} + n_0\sigma^2_{\mathrm{B}(y)}$
种群内	$N-S$	$\mathrm{MS}_{\mathrm{w}(x)} = \sigma^2_{\mathrm{w}(x)}$	$\mathrm{MP}_{\mathrm{w}(xy)} = \mathrm{COV}_{\mathrm{w}(xy)}$ $\mathrm{MS}_{\mathrm{w}(x)} = \sigma^2_{\mathrm{w}(x)}$	$\mathrm{MS}_{\mathrm{w}(y)} = \sigma^2_{\mathrm{w}(y)}$
总数	$N-1$			

注：n_0 为加权平均数；$\mathrm{COV}_{\mathrm{w}(xy)}$ 和 $\mathrm{COV}_{\mathrm{B}(xy)}$ 分别为 xy 性状组内和组间协方差；N 为总数；S 为父本数；$\sigma^2_{\mathrm{w}(x)}$ 为 x 性状的组内方差；$\sigma^2_{\mathrm{w}(y)}$ 为 y 性状的组内方差；$\mathrm{MS}_{\mathrm{B}(x)}$ 为 x 性状的组间均方；$\mathrm{MS}_{\mathrm{W}(x)}$ 为 x 性状的组内均方；$\mathrm{MS}_{\mathrm{B}(y)}$ 为 y 性状的组间均方；$\mathrm{MS}_{\mathrm{W}(y)}$ 为 y 性状的组内均方；$\mathrm{MP}_{\mathrm{B}(xy)}$ 为组间均积，即 x 和 y 性状的组间乘积和除以组间自由度，也称协差；$\mathrm{MP}_{\mathrm{W}(xy)}$ 是组内均积，即 x 和 y 性状的组内乘积和除以组内自由度。

由表 24.1 得出：

组间（父本间）方差组分：

$$\sigma^2_{\mathrm{B}(x)} = \frac{\mathrm{MS}_{\mathrm{B}(x)} - \mathrm{MS}_{\mathrm{W}(x)}}{n_0} \qquad (24.1)$$

$$\sigma^2_{\mathrm{B}(y)} = \frac{\mathrm{MS}_{\mathrm{B}(y)} - \mathrm{MS}_{\mathrm{W}(y)}}{n_0} \qquad (24.2)$$

式中：$\sigma^2_{\mathrm{B}(x)}$ 为性状 x 的组间方差组分；$\mathrm{MS}_{\mathrm{B}(x)}$ 为性状 x 的组间均方；$\mathrm{MS}_{\mathrm{W}(x)}$ 为性状 x 的组内均方；$\sigma^2_{\mathrm{B}(y)}$ 为性状 y 的组间方差组分；$\mathrm{MS}_{\mathrm{B}(y)}$ 为性状 y 的组间均方；$\mathrm{MS}_{\mathrm{W}(y)}$ 为性状 y 的组内均方。

组间（父本间）协方差组分：

$$\mathrm{COV}_{\mathrm{B}(xy)} = \frac{\mathrm{MP}_{\mathrm{B}(xy)} - \mathrm{MP}_{\mathrm{W}(xy)}}{n_0} \qquad (24.3)$$

式中：$\mathrm{MP}_{\mathrm{B}(xy)}$ 为组间均积，即性状 x 和 y 的组间乘积和除以组间自由度，也称协方差；$\mathrm{MP}_{\mathrm{W}(xy)}$ 为组内均积，即性状 x 和 y 的组内乘积和除以组内自由度。

由于每个父本的后代数 n 不同，故用加权平均数 n_0 表示：

$$n_o = \frac{1}{S-1}\left(\sum n_i - \frac{\sum n^2_i}{\sum n_i}\right)$$ （24.4）

于是，遗传相关的估计公式为：

$$r_{A(xy)} = \frac{COV_{B(xy)}}{\sqrt{\sigma^2_{B(x)} \cdot \sigma^2_{B(y)}}} = \frac{\dfrac{MP_{B(xy)} - MP_{W(xy)}}{n_0}}{\sqrt{\dfrac{MS_{B(x)} - MS_{W(x)}}{n_0} \cdot \dfrac{MS_{B(y)} - MS_{W(y)}}{n_0}}}$$

（24.5）

$$= \frac{MP_{B(xy)} - MP_{W(xy)}}{(MS_{B(x)} - MS_{W(x)})(MS_{B(y)} - MS_{W(y)})}$$

式中：$r_{A(xy)}$ 为性状间的遗传相关，即同一个体两个不同性状育种值之间的相关程度；$\sigma^2_{B(x)}$ 为性状 x 的组间方差组分；$\sigma^2_{B(y)}$ 为性状 y 的组间方差组分；$MP_{B(xy)}$ 为组间均积，即性状 x 和 y 的组间乘积和除以组间自由度，也称协方差；$MP_{W(xy)}$ 为组内均积，即性状 x 和 y 的组内乘积和除以组内自由度；$MS_{B(x)}$ 为性状 x 的组间均方；$MS_{W(x)}$ 为性状 x 的组内均方；$MS_{B(y)}$ 为性状 y 的组间均方；$MS_{W(y)}$ 为性状 y 的组内均方。

三、实验材料

牡蛎、鱼、对虾等水产动物。

四、实验用具及试剂

天平、游标卡尺等。

五、实验步骤

1. 资料初步统计

分别计算每一个体性状值并填入表24.2中（以养鱼场12月龄鱼体重为例）。

表 24.2　养殖场鱼 12 个月龄体重和放苗的初始体重的部分数据

父本号	1		2		3	
同胞序号	初始体重（x）	12月龄体重（y）	初始体重（x）	12月龄体重（y）	初始体重（x）	12月龄体重（y）
1						
2						
3						
4						
5						
6						
7						
8						
9						
10						
11						
12						
13						

2. 计算均方、均积和自由度

$$\mathrm{MS}_{\mathrm{B}(x)} = \frac{\mathrm{SS}_{\mathrm{B}(x)}}{\mathrm{df}_{\mathrm{B}}} = \frac{1}{\mathrm{df}_{\mathrm{B}}}\left[\sum\frac{\left(\sum x_i\right)^2}{N_i} - \frac{\left(\sum\sum x\right)^2}{N_i}\right] \tag{24.6}$$

$$\mathrm{MS}_{\mathrm{W}(x)} = \frac{\mathrm{SS}_{\mathrm{B}(y)}}{\mathrm{df}_{\mathrm{W}}} = \frac{1}{\mathrm{df}_{\mathrm{W}}}\left[\sum\sum x^2 - \sum\frac{\left(\sum x\right)^2}{N_i}\right] \tag{24.7}$$

$$\mathrm{MS_{B}}_{(y)} = \frac{\mathrm{SS_{B}}_{(y)}}{\mathrm{df_B}} = \frac{1}{\mathrm{df_B}}\left[\sum\frac{(\sum y)^2}{N_i} - \frac{(\sum\sum y)^2}{N_i}\right] \qquad (24.8)$$

$$\mathrm{MS_{W}}_{(y)} = \frac{\mathrm{SS_{W}}_{(y)}}{\mathrm{df_W}} = \frac{1}{\mathrm{df_W}}\left[\sum\sum y^2 - \sum\frac{(\sum y)^2}{N_i}\right] \qquad (24.9)$$

$$MS_{\mathrm{B}\,(xy)} = \frac{\mathrm{SS_{B}}_{(xy)}}{\mathrm{df_B}} = \frac{1}{\mathrm{df_B}}\left[\sum\frac{\sum x \cdot \sum y}{N_i} - \frac{(\sum\sum x) \cdot (\sum\sum y)}{N_i}\right] \qquad (24.10)$$

$$\mathrm{MS_{W}}_{(xy)} = \frac{\mathrm{SP_{W}}_{(xy)}}{\mathrm{df_W}} = \frac{1}{\mathrm{df_W}}\left[\sum\sum xy - \sum\frac{\sum x \cdot \sum y}{N_i}\right] \qquad (24.11)$$

式中：$\mathrm{MP_{B}}_{(xy)}$ 为组间均积，即性状 x 和 y 的组间乘积和除以组间自由度，也称协方差；$\mathrm{MP_{W}}_{(xy)}$ 为组内均积，即性状 x 和 y 的组内乘积和除以组内自由度；$\mathrm{MS_{B}}_{(x)}$ 为性状 x 的组间均方；$\mathrm{MS_{W}}_{(x)}$ 为性状 x 的组内均方；$\mathrm{MS_{B}}_{(y)}$ 为性状 y 的组间均方；$\mathrm{MS_{W}}_{(y)}$ 为性状 y 的组内均方；$\mathrm{SS_{B}}_{(x)}$ 为性状 x 的父本间平方和；$\mathrm{df_B}$ 为父本间自由度；$\mathrm{df_W}$ 为父本内自由度；$\mathrm{SS_{B}}_{(y)}$ 为性状 y 的父本间平方和；$\mathrm{SS_{W}}_{(x)}$ 为性状 x 的父本内平方和；$\mathrm{SS_{W}}_{(y)}$ 为性状 y 的父本内平方和；$\mathrm{SS_{W}}_{(xy)}$ 是组内均积，即性状 x 和 y 的组内乘积和；$\mathrm{SS_{B}}_{(xy)}$ 为组间均积，即性状 x 和 y 的组间乘积；N_i 为第 i 个父本的子代数。

3. 列方差和协方差分析表

列出方差和协方差分析表（表 24.3）。

表 24.3　方差和协方差分析表

变因	自由度	x 的均方	xy 的均叉积	y 的均方
父本间				
父本内				
总和				

4. 计算性状间的遗传相关系数

$$r_{\text{A}(xy)} = \frac{\text{MP}_{\text{B}(xy)} - \text{MP}_{\text{W}(xy)}}{\sqrt{\text{MS}_{\text{B}(x)} - \text{MS}_{\text{W}(x)}\left(\text{MS}_{\text{B}(y)} - \text{MS}_{\text{W}(y)}\right)}} \qquad (24.12)$$

式中：$\text{MP}_{\text{B}(xy)}$ 为组间均积，即性状 x 和 y 的组间乘积和除以组间自由度，也称协方差；$\text{MP}_{\text{W}(xy)}$ 为组内均积，即性状 x 和 y 的组内乘积和除以组内自由度；$\text{MS}_{\text{B}(x)}$ 为性状 x 的组间均方；$\text{MS}_{\text{W}(x)}$ 为性状 x 的组内均方；$\text{MS}_{\text{B}(y)}$ 为性状 y 的组间均方；$\text{MS}_{\text{W}(y)}$ 为性状 y 的组内均方。

六、实验注意事项

（1）对于一些遗传力较低的性状、采用表型选择效果较差的性状、难以提高选择强度的性状、活体难于度量性状或晚期性状，需要寻找与之存在高度遗传相关的辅助性状，进行间接选择而达到改善本性状的目的。

（2）同一品种在不同的环境条件下，优良性状的表现会有差异。需要将不同环境下两性状的遗传相关求出，得出矫正指数，进而提出正确的推广和改进措施。

七、实验作业和思考题

（1）根据所学方法，自行设计实验，对亲本及子代遗传参数进行分析，估计测量性状遗传力。

（2）思考如何提高遗传相关参数估计的准确度。

第五部分

虚拟仿真实验

牡蛎壳色选育虚拟仿真实验

一、实验目的

（1）了解牡蛎壳色性状家系选育流程，掌握家系选育育种方案的制订及实施。

（2）了解牡蛎壳色性状的群体选育流程，掌握群体选育育种方案的制订和实施。

（3）通过选择育种实验，培养学生的创新实践能力。

二、实验原理

家系选育就是根据家系表型均值的高低，决定留种或淘汰的选择方法。家系选择不仅适用于高遗传力的表型性状选择，对较低遗传力的表型性状选择也十分有效。遗传力低的性状表型值受环境因素影响较大，如果只根据个体表型值选留繁育群，则选留准确性差；而根据家系表型值选择，则能比较正确地反映家系的基因型，选择效果较好。

群体选育实质是一种个体选择技术，就是根据群体内个体的表型值高低选择留种亲本。这种方法对遗传力较高的性状的选择效果较好，但是对于限性性状和活体上不能度量的性状不大适用。

三、实验内容

进行选择育种，以改良牡蛎壳色遗传性状。

培养容器：白色小桶（家系培育）、贝类幼虫高密度反应器、大型育苗池。

培养流程：选择亲本→第一代（F_1 代）壳色家系培育→第二代（F_2 代）壳色家系培育→第三代（F_3 代）壳色群体选育→第四代（F_4 代）壳色群体选育→进行连续 2 年生产性养殖对比实验→得到具有优良性状的牡蛎。

四、操作方法

1. 中国海洋大学国家虚拟仿真实验教学申报项目平台使用方法

注意事项：请使用Firefox（火狐）浏览器。

（1）打开中国海洋大学国家虚拟仿真实验教学申报项目平台（以下简称"平台"）登录页面，输入账户、密码登录。新用户可先注册再登录。专家可点击下方的"专家入口"按钮登录平台。

（2）登录后进入平台首页，选择"仿真资源"模块，能看到模块列表，选择对应操作单元，点击"开始学习"按钮。

（3）点击"开始实验"按钮，进行仿真学习。

（4）点击黄框内第 1 条友情提示，下载、安装平台。

（5）平台安装完成后，刷新浏览器页面，点击黄框内第 2 条友情提示，下载、安装软件。

（6）软件安装完成后，点击"启动"按钮，开始实验。

（7）此页面还有"操作手册""相关视频""题库练习""讨论专区""学习记录"模块。

2. 实验方法

选择育种任务，学习相关知识。

（1）F_1 代壳金长牡蛎（以下简称"壳金牡蛎"）家系的选育。

选择野生壳金牡蛎作为基础群体。

牡蛎按家系排列好，进行家系自交。

受精完成后，右击"拾取受精卵"到"道具栏"，将受精卵放入"白色桶 A1"处，进行F_1代牡蛎的家系培育。

（2）F_2代壳金牡蛎家系选育。

点击②号实验台旁边筐中的F_1代壳金牡蛎，将其移到实验台，进行F_2代培育。

（3）F_3代壳金牡蛎群体选育。

点击②号实验台旁边筐中的F_2代壳金牡蛎，将其移到实验台上。

将牡蛎按壳高排列，右击壳高且颜色亮的牡蛎，选择"受精交配"。

受精后，右击"取卵液"，移到道具栏，放到发生器A1处，进行F_3代壳金牡蛎培育。

（4）F_4代壳金牡蛎群体选育。

点击F_3代，将壳金牡蛎选择到实验台上。

进行F_4代壳金牡蛎的培育。

（5）连续2年生产性养殖对比实验。

（6）选择育种任务完成。

五、实验注意事项

（1）虚拟仿真实验有效网址为http://www.obrsim.com/?id=zghydxsc。

（2）计算机操作系统和版本要求：采用Windows 7或以上版本。

（3）计算机硬件配置要求：CPU至少为Intel Core i5；显卡显存至少2 G，推荐4 G；内存至少8 G，推荐16 G；硬盘至少500 G。

六、视频学习二维码

用手机扫描二维码即可观看实验操作视频。

牡蛎多倍体选育虚拟仿真实验

一、实验目的

（1）了解牡蛎多倍体选育的方法和途径。

（2）学习多倍体诱导方法，包括物理方法和化学方法。

（3）掌握牡蛎多倍体倍性的检测方法。

二、实验原理

多倍体育种，即通过人工诱变或利用自然变异等，使细胞染色体组加倍，获得多倍体育种材料，选育符合人们需要的优良品种。

牡蛎三倍体诱导的途径主要有两种：① 抑制受精卵第二极体的释放；② 二倍体与四倍体杂交。

三、实验内容

通过多倍体育种，获得个体大、肉质好、品质高的牡蛎。

培养容器：贝类幼虫高密度反应器、大型育苗池。

培养流程：选择亲本→解剖、受精→诱导处理受精卵→孵化培育→D形幼虫选优→幼虫培育→采苗→稚贝培育→苗种下海养成。

四、操作方法

1. 平台使用方法

平台使用方法见实验 25。

2. 实验进行方法

（1）选择多倍体育种任务，学习相关知识。

（2）点击①号实验台的壳金牡蛎，进行多倍体育种。

（3）在牡蛎受精阶段，进行多倍体诱导。

物理法：点击"烧杯"，配制高盐海水。点击"卵液"，将卵液加到配好的海水中。右击"烧杯"，选择"洗卵"操作。

化学法：右击"卵液"，选择"加入CB"操作，处理 15 min。之后右击"卵液"，选择"冲洗受精卵"操作。

（4）右击，拾取受精卵。将受精卵移到幼虫密度发生器B1 处。

（5）受精卵孵化 22 h后，取样以检测细胞倍性。右击"取样烧杯"，选择"检测倍性"操作。

（6）点击靠墙的办公台上的流式细胞仪，检测细胞染色体倍性。

（7）牡蛎育种任务完成。

五、实验注意事项

实验注意事项见实验 25。

六、视频学习二维码

用手机扫描二维码即可观看实验操作视频。

牡蛎染色体倍性检测虚拟仿真实验

一、实验目的

（1）了解牡蛎多倍体倍性检测的方法。

（2）掌握流式细胞仪的结构及工作原理。

（3）掌握使用流式细胞仪检测细胞倍性的技术。

二、实验原理

流式细胞术是一种可用来进行DNA倍性分析的技术。使用流式细胞仪对细胞的光散射和不同荧光的多参数同步测定，可对牡蛎单细胞的DNA倍性进行快速、精确地定性和定量分析。流式细胞仪主要由液流系统、光学检测系统和信号处理系统组成。

流式细胞仪的激发光源为15 mW氩离子气体激光器，激发波长为488 mm。经荧光染色的DNA分子经激发光源照射发出荧光。通过分析荧光强度，可获得处于分裂间期的细胞DNA含量数据，绘制出DNA含量（倍性）的分布曲线图。DNA含量与荧光信号强度成正比。细胞核的倍性最后以C值表示：$1C$表示细胞核单倍体，$2C$表示细胞核二倍体，依次类推。

三、实验内容

使用流式细胞仪检测染色体倍性，进行多倍体育种实验的验证。

四、操作方法

1. 平台使用方法

平台使用方法见实验 25。

2. 实验进行方法

（1）选择染色体倍性检测任务。

（2）学习流式细胞仪的基础知识。

（3）了解流式细胞仪的结构及操作方法。

流式细胞仪的使用方法如下。

打开电源，对系统进行预热。

打开气体阀，调节压力，获得适宜的液流速度。开启光源冷却系统。

在样品管中加入去离子水，冲洗液流的喷嘴系统。

利用校准标准样品，调整仪器，使在激光功率、光电倍增管电压、放大器电路增益调定的基础上，0 和 90 散射的荧光强度最强，变异系数最小。

选定流速、测量细胞数、测量参数等，在同样的工作条件下测量样品和对照样品。选择计算机屏上数据的显示方式，从而能直观掌握检测进程。

样品检测完毕后，用去离子水冲洗液流系统。

实验数据已存入计算机硬盘（有的机器还备有光盘系统，存贮量更大）。可关闭气体阀、测量装置，单独使用计算机进行数据处理。

（4）点击流式细胞仪，对检测结果进行分析。

五、实验注意事项

实验注意事项见实验 25。

六、视频学习二维码

用手机扫描二维码即可观看实验操作视频。

第六部分

附 录

附录 1

果蝇中常见突变性状及控制性状的基因

突变型	基因符号	表现特征	基因所在染色体
白眼	w	复眼白色	X
棒眼	B	复眼呈直棒形	X
褐色眼	bw	复眼褐色	II
猩红眼	st	复眼猩红色	III
黑檀体	e	身体乌木色、亮	III
黄体	y	身体浅橙黄色	X
焦刚毛	sn	刚毛卷曲如烧焦状	X
黑体	b	颜色比黑檀体深	II
匙形翅	nub2	翅小匙状	II
残翅	vg	翅退化、部分残留，不能飞	II
翻翅	Cy	翅向上翻卷，纯合致死	II
小翅	m	翅膀短小，不超过身体	X

附录 2

果蝇培养基的几种配方

成分	香蕉培养基	玉米培养基	米粉培养基
水	47.8 mL	150 mL	100 mL
琼脂粉（洋菜）	1.5 g	1.5 g	1.5 g
白糖（红糖）	/	13 g	10 g
香蕉粉	50 g	/	/
麸皮和粗糠	/	/	8 g
酵母粉	少许	少许	少许
抑菌剂（丙酸）	2 滴	7 滴	5 滴
玉米面	/	17 g	/

附 录 3

χ^2表

df	α					
	0.99	0.95	0.90	0.10	0.05	0.01
1	0.000	0.004	0.016	2.706	3.841	6.635
2	0.020	0.103	0.211	4.605	5.991	9.210
3	0.115	0.352	0.584	6.251	7.815	11.345
4	0.297	0.711	1.064	7.779	9.488	13.277
5	0.554	1.145	1.610	9.236	11.070	15.086
6	0.872	1.635	2.204	10.645	12.592	16.812
7	1.239	2.167	2.833	12.017	14.067	18.475
8	1.646	2.733	3.490	13.362	15.507	20.090
9	2.088	3.325	4.168	14.684	16.919	21.666
10	2.558	3.940	4.865	15.987	18.307	23.209
11	3.053	4.575	5.578	17.275	19.675	24.725
12	3.571	5.226	6.304	18.549	21.026	26.217
13	4.107	5.892	7.042	19.812	22.362	27.688
14	4.660	6.571	7.790	21.064	23.685	29.141
15	5.229	7.261	8.547	22.307	24.996	30.578
16	5.812	7.962	9.312	23.542	26.296	32.000

染液配方

一、醋酸洋红染液

将 90 mL 醋酸加入 110 mL 蒸馏水中。加入 1 g 洋红，煮沸，使其饱和，冷却过滤，并加醋酸铁或氢氧化铁（媒染剂）水溶液数滴。也可以在加入 1 g 洋红的同时加入 1 枚大头针，煮沸，然后文火 2～3 h，之后冷却过滤。

二、席夫（Schiff）试剂

将 1 g 碱性品红加入 200 mL 煮沸的蒸馏水中，再煮沸 3～4 min，待溶液冷却到 50℃时过滤。等溶液冷到 25℃以下时，加入 30 mL 1 mol/L 盐酸和 3 g 偏重亚硫酸钠，装进棕色瓶，塞上瓶塞，置于黑盒中 48 h，至溶液呈无色或淡黄色即可。若有少许红色，可加入 1 g 活性炭，进行过滤。经过滤的溶液或溶液加入活性炭并充分振荡后还是淡红色就不能用，需要重新配制。

三、2%乳酸醋酸地衣红

将 45 mL 冰醋酸置于 250 mL 的三角瓶中，瓶口加一棉塞，在酒精灯下加热至微沸。缓慢加入 2 g 地衣红，使其溶解。待溶液冷却后加入 55 mL 蒸馏水，振荡 5～10 min，过滤到棕色试剂瓶中备用。或在三角瓶中加入 100 mL 45% 的冰醋酸，在酒精灯上加热至沸，慢慢溶入 2 g 地衣红，继续回流煮沸 1 h 后过滤备用。临用前，取等量的 2%醋酸地衣红与 70%乳酸液混合，过滤后使用。

四、吉姆萨（Giemsa）染液

取 0.5 g 吉姆萨粉末，加 33 mL 纯甘油，在研钵中研细，放在 56℃恒温水浴中保温 90 min。加入 33 mL 甲醇，充分搅拌，用滤纸过滤，于棕色细口瓶保存，作为原液。用时以磷酸缓冲液稀释。

附录 5

分子遗传学部分常用试剂配方

一、十六烷基三甲基溴化铵（CTAB）缓冲液

配制 200 mL CTAB 缓冲液：

二硫基乙醇（2-ME）：0.4 mL，其最终体积分数为 0.2%。

CTAB：4 g，终浓度为 0.02 g/mL。

1 mol/L Tris-盐酸（母液）：20 mL，终浓度为 100 mmol/L，pH 8.0。

0.25 mol/L EDTA（母液）：16 mL，终浓度为 20 mmol/L，pH 8.0。

氯化钠：16.363 g，终浓度为 1.4 mmol/L。

定容至 200 mL。

二、细胞核 DNA 荧光素定量染色缓冲液

向 PBS 缓冲液内加入 3 000 U RNA 酶和 10 μmol/mL 碘化乙锭（PI）或 4′，6 二脒基-2-苯吲哚（DAPI）。

三、1 mol/L Tris-盐酸（ pH 7.4/7.6/8.0 ）

称取 121.1 g Tris 置于 1 L 烧杯中。加入约 800 mL 的去离子水，充分搅拌溶解。按附表 5.1 加入浓盐酸并调节至所需要的 pH。将溶液定容至 1 L。溶液高温高压灭菌后，室温保存。

> **注意**
>
> 应使溶液冷却至室温后再调定 pH，因为 Tris 溶液的 pH 随温度的变化很大，温度每升高 1℃，溶液的 pH 大约降低 0.03 个单位。

附表 5.1　配制 1 L Tris-盐酸所加入的浓盐酸体积

Tris-盐酸pH	加入浓盐酸体积
7.4	约 70 mL
7.6	约 60 mL
8.0	约 42 mL

四、0.5 mmol/L EDTA（pH 8.0）

称取 186.1 g 乙二胺四乙酸二钠二水合物（$Na_2EDTA \cdot 2H_2O$），置于 1 L 烧杯中。加入约 800 mL 的去离子水，充分搅拌。用氢氧化钠调节 pH 至 8.0（约需 20 g 氢氧化钠）。加去离子水将溶液定容至 1 L。将溶液适量分成小份后，高温高压灭菌。室温保存。

> **注意**
>
> pH 至 8.0 时，EDTA 才能完全溶解。

五、10 × TE 缓冲液（pH 7.4/7.6/8.0）

量取 1 mol/L Tris-盐酸（pH 7.4/7.6/8.0）100 mL，分别置于 1 L 烧杯中，各加入 500 mmol/L EDTA 溶液（pH 8.0）20 mL。向烧杯中加入约 800 mL 的去离子水，均匀混合。将溶液定容至 1 L 后，高温高压灭菌。室温保存。

六、3 mol/L 醋酸钠溶液（pH 5.2）

称取 40.8 g 三水醋酸钠置于 100 ~ 200 mL 烧杯中，加入约 40 mL 的去离子水，搅拌溶解。加入冰醋酸调节 pH 至 5.2。加去离子水将溶液定容至 100 mL。溶液高温高压灭菌后，室温保存。

七、Tris-盐酸平衡苯酚

大多数市售液化苯酚是清亮无色的，无须重蒸馏便可用于分子生物学实验。但有些液化苯酚呈粉红色或黄色，应避免使用。同时，应避免使用结晶苯酚。结晶苯酚必须在 160℃ 条件下重蒸馏，除去醌等氧化产物，这些氧化产物可引起磷酸二酯键的断裂或导致RNA和DNA的交联等。因此，苯酚的质量对DNA和RNA的提取极为重要。在酸性pH条件下DNA分配于有机相，因此苯酚使用前必须进行平衡，使pH达到7.8以上。苯酚平衡操作方法如下。

液化苯酚应贮存于−20℃，此时的苯酚呈现结晶状态。从冰柜中取出的苯酚首先在室温下放置。其达到室温后，在68℃水浴中充分溶解。加入8−羟基喹啉（8−hydroxyquinoline）至终浓度0.1%。该化合物是一种还原剂、RNA酶的不完全抑制剂及金属离子的螯合剂，同时其呈黄色，有助于识别有机相。加入等体积的1 mol/L Tris−盐酸（pH 8.0），使用磁力搅拌器搅拌15 min，静置使其充分分层后，除去上层水相。重复操作数次。稍微残留部分上层水相。使用pH试纸确认有机相的pH大于7.8。将苯酚置于棕色玻璃瓶中4℃避光保存。

苯酚腐蚀性极强，可引起严重灼伤，操作时应戴手套及防护镜等。所有操作均应在通风橱中进行。与苯酚接触过的皮肤部位应用大量水清洗，并用肥皂和水洗涤，忌用乙醇。

八、苯酚、氯仿、异戊醇混合液

从核酸样品中除去蛋白质时常常使用苯酚、氯仿、异戊醇混合液（三者体积比为25：24：1）。氯仿可使蛋白质变性并有助于液相与有机相的分离，而异戊醇则有助于消除抽提过程中出现的气泡。将Tris−盐酸平衡苯酚与等体积的氯仿、异戊醇混合液（二者体积比为24：1）均匀混合后，移入棕色玻璃瓶中4℃保存。

九、10×TBE缓冲液（pH 8.3）

称取Tris 108 g、$Na_2EDTA \cdot 2H_2O$ 7.44 g和硼酸55 g，置于1 L烧杯中。加入约800 mL的去离子水，充分搅拌溶解。加去离子水将溶液定容至1 L。室温保存。

十、溴化乙啶溶液（10 mg/mL）

称取1.0 g溴化乙啶，加入200 mL容器中。加入去离子水100 mL，充分搅拌数小时，至溴化乙啶完全溶解。将溶液转入棕色瓶，室温避光保存。溴化乙啶最终工作浓度为 0.5 μg/mL。

十一、6×DNA上样缓冲液（双染料）

称取溴酚蓝 25 mg 和二甲苯腈蓝 FF 25 mg，置于 15 mL 塑料离心管中。向离心管中加入 6 mL 去离子水，充分搅拌溶解。加入 3 mL 甘油混匀，用去离子水定容至 10 mL。室温保存。

参 考 文 献

BEAUMONT A，HOARE K. Biotechnology and Genetics in Fisheries and Aquaculture［M］. Hoboken：Blackwell Publishing Ltd，2003.

DUNHAM R A. Aquaculture and Fisheries Biotechnology：Genetic Approaches［M］. Wallingford：CABI Publishing，2004.

FUJIWARA A，FUJIWARA M，NISHIDA-UMEHARA C，et al. Characterization of Japanese flounder karyotype by chromosome bandings and fluorescence *in situ* hybridization with DNA markers［J］. Genetica，2007，131（3）：267-274.

GRIFFITHS，A J F，MILLER，J H，SUZUKI，D T，et al. An Introduction to Genetic Analysis［M］. 7th Ed. New York：W. H. Freeman and Company，1999.

范兆廷. 水产动物育种学［M］. 北京：中国农业出版社，2005.

季道藩. 遗传学实验［M］. 北京：中国农业出版社，1992.

李守涛，曾庆韬，薛小桥. 人类X-染色质的简易制备方法［J］. 湖北大学学报（自然科学版），2007（2）：176-177，185.

李惟基. 新编遗传学教程［M］. 北京：中国农业大学出版社，2003.

李雅娟，隋燚，赵睿，等. 天然二倍体和四倍体泥鳅鳍细胞系染色体组构成研究［J］. 东北农业大学学报，2015，46（4）：83-88.

李亚娟. 水产动物遗传育种学实验指导［M］. 北京：中国农业科学技术出版社，2012.

林加涵，洪水根. 僧帽牡蛎染色体组型研究［J］. 福建水产，1986（1）：16-19.

刘祖洞，江绍慧.遗传学实验［M］.3 版.北京：高等教育出版社，1997.

刘祖洞.遗传学［M］.3 版.北京：高等教育出版社，1990.

楼允东.鱼类育种学［M］.北京：中国农业出版社，1999.

沈亦平，刘汀，姜海波，等.近江牡蛎染色体核型的研究［J］.武汉大学学报（自然科学版），1994（4）：102-106.

孙乃恩，孙东旭，朱德煦.分子遗传学［M］.南京：南京大学出版社，1990.

王金发，何炎明.细胞生物学实验教程［M］.北京：科学出版社，2004.

王如才.牡蛎养殖技术［M］.北京：金盾出版社，2004.

王晓艳，王世锋，张建设，等.鲈鱼核型、Ag-NORs 和 C-带分析［J］.浙江海洋大学学报（自然科学版），2018，37（4）：285-291.

王亚馥，戴灼华.遗传学［M］.北京：高等教育出版社，1999.

吴清江，桂建芳，等.鱼类遗传育种工程［M］.上海：上海科学技术出版社.1999.

吴仲庆.水产生物遗传育种学［M］.厦门：厦门大学出版社，2000.

徐晋麟，徐沁，陈淳.现代遗传学原理［M］.北京：科学出版社，2001.

薛雅蓉，张远莉，庞延军.“酸解低渗敲打压片法”制备果蝇唾液腺染色体标本［J］.生物学通报，2014，49（8）：44-45，64.

杨业华.普通遗传学［M］.北京：高等教育出版社，2000.

余建贤，熊志尧，童旺东，等.近江牡蛎的染色体组型［J］.湛江水产学院学报，1993，13（1）：27-29.

余先觉.中国淡水鱼类染色体［M］.北京：科学出版社，1989.

袁美云，毛连菊，周玮.岩牡蛎的染色体核型分析［J］.大连水产学院学报，2008，23（4）：318-320.

曾志南，陈木，林琪，等.僧帽牡蛎和华贵栉孔扇贝染色体的制作［J］.福建水产，1995（3）：1-4.

赵文溪，张楠，王嫣，等.薄片牡蛎的核型及 18S-28S 核糖体 rRNA 基因的染色体定位［J］.基因组学与应用生物学，2012，31（1）：20-25.

郑小东，王昭萍，王如才，等.太平洋牡蛎染色体G带和Ag-NORS研究［J］.中国水产科学，1999，6（4）：104-105.

朱玉贤，李毅.现代分子生物学［M］.北京：高等教育出版社，2002.